Mathematik im Fokus

Kristina Reiss
TU München, School of Education, München, Deutschland

Ralf Korn
TU Kaiserslautern, Fachbereich Mathematik, Kaiserslautern, Deutschland

Weitere Bände in dieser Reihe:
http://www.springer.com/series/11578

Die Buchreihe Mathematik im Fokus veröffentlicht zu aktuellen mathematikorientierten Themen gut verständliche Einführungen und prägnante Zusammenfassungen. Das inhaltliche Spektrum umfasst dabei Themen aus Lehre, Forschung, Berufs- und Unterrichtspraxis. Der Umfang eines Buches beträgt in der Regel 80 bis 120 Seiten. Kurzdarstellungen der folgenden Art sind möglich:

- State-of-the-Art Berichte aus aktuellen Teilgebieten der theoretischen und angewandten Mathematik
- Fallstudien oder exemplarische Darstellungen eines Themas
- Mathematische Verfahren mit Anwendung in Natur-, Ingenieur- oder Wirtschaftswissenschaften
- Darstellung der grundlegenden Konzepte oder Kompetenzen in einem Gebiet

Stefan Schäffler

Globale Optimierung

Ein informationstheoretischer Zugang

Springer Spektrum

Stefan Schäffler
Universität der Bundeswehr München
Neubiberg, Deutschland

ISBN 978-3-642-41766-5 ISBN 978-3-642-41767-2 (eBook)
DOI 10.1007/978-3-642-41767-2
Mathematics Subject Classification (2010): 90C26

Die Deutsche Nationalbibliothek verzeichnet diese Publikation in der Deutschen Nationalbibliografie; detaillierte bibliografische Daten sind im Internet über http://dnb.d-nb.de abrufbar.

Springer Spektrum

Gedruckt auf säurefreiem und chlorfrei gebleichtem Papier.

Springer Spektrum ist eine Marke von Springer DE. Springer DE ist Teil der Fachverlagsgruppe Springer Science+Business Media
www.springer-spektrum.de

meinem Bruder Johannes gewidmet

Einleitung

Ἐν ἀρχῇ ἦν ὁ λόγος,
καὶ ὁ λόγος ἦν πρὸς τὸν θεόν,
καὶ θεὸς ἦν ὁ λόγος.

(Prolog, Evangelium nach Johannes)

In vielen wissenschaftlichen Teildisziplinen sowie in vielen technisch-industriellen Fragestellungen spielen globale Optimierungsprobleme eine sehr wichtige Rolle. In praktisch allen Entscheidungssituationen stehen mehrere Entscheidungsalternativen zur Verfügung und die Aufgabe besteht darin, unter gewissen Bewertungskriterien die optimale Entscheidung unter all diesen Entscheidungsalternative zu finden; daher sind die daraus resultierenden Optimierungsprobleme stets globale Optimierungsprobleme. Die Tatsache, dass in der Praxis immer noch weitestgehend lokale Optimierungsverfahren zum Einsatz kommen, ist nicht in der ursprünglichen Zielsetzung begründet, sondern in der relativ einfachen Handhabung dieser Verfahren und ihrer sehr breiten Einsetzbarkeit. Globale Optimierungsprobleme sind wiederum im Allgemeinen äußerst komplex und strukturell sehr heterogen. Daher sind die angebotenen Lösungsverfahren häufig nur für sehr kleine Klassen globaler Optimierungsprobleme mit einer im Allgemeinen sehr geringen Anzahl von Variablen anwendbar; diese Bemerkung gilt insbesondere für deterministische Verfahren der globalen Optimierung.

Viele bekannte Verfahren der globalen Optimierung sind gerade deshalb nur extrem eingeschränkt verwendbar, weil man häufig auf eine mathematische Analyse der Problemstellung verzichtet und entweder eine derart spezielle Struktur der Optimierungsprobleme voraussetzt, dass man im Prinzip mit lokalen Optimierungsverfahren zum Ziel kommt, oder man verwendet – auch in völliger Überschätzung der Rechenleistung von Computern – Analogien aus der Biologie, die dann zu den leider weit verbreiteten evolutionären Algorithmen, genetischen Algorithmen und – das jüngste Kind dieser Familie – Schwarmalgorithmen führen, die wesentlich mehr versprechen, als sie halten können. Die gezielte Verwendung aller verfügbaren Informationen eines gegebenen Optimierungsproblems (zum Beispiel gegebenenfalls Gradienteninformation) wird immer wertvoller sein als die – wenn auch strukturierte – Futtersuche von Ameisen. Selbstverständlich sind Beobachtungen von Naturphänomenen, bei denen es der Natur gelingt, optimale Lösungen zu finden, für die Entwicklung globaler Optimierungsverfahren enorm hilfreich. Entscheidend ist die Frage, auf welcher Ebene diese Naturphänomene Eingang in die zu entwickelnden Optimierungsverfahren finden; passiert dies auf der algorithmischen Ebene, verliert man die nötige Flexibilität und bleibt daher zu eng an der Naturanalogie; dies ist das große Manko der sogenannten Populationsverfahren, die zu den oben genannten Algorithmen gehören. Wir werden die hier vorzustellenden Algorithmen ebenfalls aus einer Naturanalogie, nämlich aus den Gesetzen der Thermodynamik, gewinnen – allerdings auf der Ebene von Naturgesetzen, nicht auf der algorithmischen Ebene.

Da aus Platzgründen in diesem Buch kein Überblick über die Fülle vorgeschlagener Verfahren zur globalen Optimierung gegeben werden kann, sei für einen allgemeinen Überblick auf [HenTót10] verwiesen; stochastische Verfahren der globalen Optimierung werden in [ZhiŽil08] zusammengefasst, während eine Zusammenfassung deterministischer Verfahren etwa in [Flo00], [HorTui96] und [StrSer00] zu finden ist.

Die Grundidee der im Folgenden vorzustellenden Vorgehensweise geht auf das Jahr 1953 zurück, als G. Metropolis zusammen mit vier anderen Autoren spezielle thermodynamische Prozesse auf dem Rechner simulierte (siehe [Met.etal53]). Im Jahr 1970 wurde in einer Arbeit von M. Pincus ([Pin70]) wohl zum ersten Mal auf die Analogie zwischen den Naturgesetzen der Thermodynamik und Fragestellungen der nichtlinearen Optimierung hingewiesen.

Seit 1985 versuchte man dann, diese Analogie unter dem Begriff **Simulated Annealing** für die globale Optimierung nutzbar zu machen (siehe etwa [Al-Pe.etal85], [GemHwa86] und [Chi.etal87]). Um nun eine Lösung eines gegebenen globalen Optimierungsproblems auf eine vorgegebene Genauigkeit zu berechnen, war es beim Simulated Annealing nicht nur nötig, thermodynamische Prozesse konstanter Temperatur zu simulieren, sondern gleichzeitig auch langwierige Abkühlvorgänge zu betrachten. Diese Vorgehensweise führt zur bekannten Ineffizienz der Verfahren des Simulated Annealing. Beschränkt man sich aber in Kenntnis der Tatsache, dass es sehr leistungsfähige Verfahren der lokalen Optimierung gibt, auf die Berechnung von Punkten in geeigneten Umgebungen globaler Optimalstellen, so dass diese Punkte als passende Startpunkte für lokale Optimierungsverfahren dienen können, so genügt es, thermodynamische Prozesse bei konstanter Temperatur zu simulieren; dieser Weg wird im vorliegenden Buch beschritten.

Der erste Teil ist den theoretischen Grundlagen gewidmet und beginnt mit theoretischen Betrachtungen zu lokalen Minimierungsproblemen. Da jedes Maximierungsproblem in ein Minimierungsproblem umgewandelt werden kann, betrachten wir im Folgenden nur noch Minimierungsprobleme. Um überhaupt verstehen zu können, nach welchen Prinzipien thermodynamische Prozesse in der Natur ablaufen, ist der Begriff **Information** in seiner mathematischen Bedeutung unumgänglich; daher ist das zweite Kapitel den Grundlagen der mathematischen Informationstheorie gewidmet. Die dabei benötigten Voraussetzungen aus der Stochastik werden an den entsprechenden Stellen bereitgestellt; somit sind keine speziellen maß- und wahrscheinlichkeitstheoretischen Kenntnisse nötig (wenn auch erwünscht). Die Thermodynamik abgeschlossener Systeme und ihre informationstheoretische Deutung ist Gegenstand des dritten Kapitels. Der im Rahmen der Informationstheorie eingeführte Begriff der **Entropie** wird sich dabei als zentral erweisen. Um nun die Naturgesetze der Thermodynamik für die globale Optimierung nutzbar machen zu können, ist es nötig thermodynamische Prozesse softwaretechnisch simulieren zu können; die theoretischen Voraussetzungen hierfür sind Gegenstand des zweiten Teils von Kapitel drei. Als wichtigstes Werkzeug wird sich dabei das mathematische Modell der Brownschen Molekularbewegung erweisen.

Der zweite Teil dieses Buches ist der Bereitstellung numerischer Verfahren zur globalen Optimierung basierend auf den theoretischen Überlegungen von Teil eins gewidmet. Die hohe Relevanz dieser Verfahren zeigt sich insbesondere an der Behandlung hochdimensionaler praktischer Probleme aus der digitalen Nachrichtenübertragung und aus den Wirtschaftswissenschaften. Da auch hier den Beschränkungen an den Umfang des Buches Tribut gezollt werden mußte, sei zudem auf [Schä12] verwiesen. Dort werden auf gleicher theoretischer Basis auch Vektoroptimierungsprobleme und stochastische Optimierungsprobleme behandelt und die maß- und wahrscheinlichkeitstheoretischen Grundlagen detaillierter vorgestellt; allerdings wurde dort auf die informationstheoretische und thermodynamische Motivation der Verfahren verzichtet.

Ich danke Herrn Clemens Heine vom Springer-Verlag für die erneut überaus freundliche und vertrauensvolle Zusammenarbeit. Mein Kollege, Prof. Mathias Richter, hat sich trotz vielfältiger Verpflichtungen wieder bereit erklärt, ein Manuskript von mir kritisch durchzusehen; ich weiß diese enorme Hilfe, die ich nicht als Selbstverständlichkeit annehme, sehr zu schätzen und bin ihm daher zu großem Dank verpflichtet; für eine entsprechende Gegenleistung stehe ich natürlich jederzeit zur Verfügung.

Symbole

AWGN	**A**dditive **W**hite **G**aussian **N**oise
$\mathcal{B}(\Omega)$	Borelsche σ-Algebra über Ω
$C^l(M_1, M_2)$	Menge l-mal stetig differenzierbarer Funktionen $f : M_1 \to M_2$
$g.c.d.(\bullet, \bullet)$	größter gemeinsamer Teiler
$\mathbf{I}_n$	n-dimensionale Einheitsmatrix
∇f	Gradient von f
$\nabla^2 f$	Hesse-Matrix von f
$\mathcal{P}(\bullet)$	Potenzmenge
$\mathbb{P}(\bullet)$	Wahrscheinlichkeit
$\mathbb{P}_X$	Bildmaß von X
q.e.d.	Ende eines Beweises
SNR	**S**ignal to **N**oise **R**atio
$\sigma(X)$	von X erzeugte σ-Algebra
$\Vert \bullet \Vert_2$	Euklidische Norm
$\int_0^T \mathbf{Y}_t \circ d\mathbf{B}_t$	Fisk-Stratonovich-Integral
$\oplus$	binäre Addition
$\boxplus$	Addition modulo
$\odot$	binäre Multiplikation
$\boxdot$	Multiplikation modulo
$(\Omega, \mathcal{S})$	Messraum
$(\Omega, \mathcal{S}, \mathbb{P})$	Wahrscheinlichkeitsraum
$a \equiv_m b$	a ist kongruent zu b modulo m
$\mathbb{Z}/m\mathbb{Z}$	$\{[0], \ldots, [m-1]\}$

Inhaltsverzeichnis

Abbildungsverzeichnis

Teil I
Theoretische Grundlagen

Lokale Minimierung 1

1.1 Die Kurve des steilsten Abstiegs

In diesem Kapitel betrachten wir unrestringierte lokale Optimierungsprobleme der folgenden Art:

$$\min_{\boldsymbol{x}}\{f(\boldsymbol{x})\}, f:\mathbb{R}^n \to \mathbb{R},\ n\in\mathbb{N}, f\in C^2(\mathbb{R}^n,\mathbb{R}),$$

wobei $C^l(\mathbb{R}^n,\mathbb{R})$ die Menge aller l-mal stetig differenzierbaren Funktionen $g:\mathbb{R}^n\to\mathbb{R}$ ($l=0$: nur Stetigkeit) bezeichnet und f als Zielfunktion bezeichnet wird. Somit ist ein Punkt $\boldsymbol{x}_{\text{lok}}\in\mathbb{R}^n$ mit

$$f(\boldsymbol{x}) \geq f(\boldsymbol{x}_{\text{lok}}) \quad \text{für alle} \quad \boldsymbol{x}\in U(\boldsymbol{x}_{\text{lok}})$$

gesucht, wobei $U(\boldsymbol{x}_{\text{lok}})\subseteq\mathbb{R}^n$ eine offene Umgebung von $\boldsymbol{x}_{\text{lok}}$ darstellt.

Die zu diesem lokalen Optimierungsproblem gehörende Kurve des steilsten Abstiegs ist gegeben durch das Anfangswertproblem

$$\dot{\boldsymbol{x}}(t) = -\nabla f(\boldsymbol{x}(t)), \quad \boldsymbol{x}(0)=\boldsymbol{x}_0,$$

wobei $\nabla f:\mathbb{R}^n\to\mathbb{R}^n$ den Gradienten der Zielfunktion f bezeichnet.

Um im folgenden Satz Eigenschaften dieses Anfangswertproblems zusammenfassen zu können, benötigen wir den Begriff **Metrik** und den Fixpunktsatz von Stefan Banach.

Definition 1.1 (Metrik) Sei X eine nichtleere Menge. Eine Abbildung

$$d: X\times X\to\mathbb{R}, \quad (x,y)\mapsto d(x,y)$$

S. Schäffler, *Globale Optimierung*, Mathematik im Fokus, DOI 10.1007/978-3-642-41767-2_1,

wird als Metrik (auf X) bezeichnet, falls die folgenden Bedingungen erfüllt sind:

(i) $d(x,y) = 0 \Longleftrightarrow x = y$,
(ii) $d(x,y) = d(y,x)$ für alle $x, y \in X$,
(iii) Dreiecksungleichung:

$$d(x,z) \leq d(x,y) + d(y,z) \quad \text{für alle} \quad x, y, z \in X.$$

◁

Ein **metrischer Raum** (X, d) ist ein Paar bestehend aus einer nichtleeren Menge X und einer Metrik d definiert auf X. Der Wert $d(x,y)$ wird auch als Abstand zwischen x und y bezeichnet.

Wegen

$$0 = d(x,x) \leq d(x,y) + d(y,x) = 2d(x,y) \quad \text{für alle} \quad x, y \in X$$

ist $d(x,y) \geq 0$ für alle $x, y \in X$. Ein metrischer Raum heißt **vollständig**, falls jede Cauchy-Folge bestehend aus Elementen dieses Raumes gegen ein Element dieses Raumes konvergiert.

Lemma 1.2 (Fixpunktsatz von Banach, ohne Beweis) Seien (X, d) ein vollständiger metrischer Raum, L eine reelle Zahl mit $0 \leq L < 1$ sowie $T : X \to X$ eine Abbildung mit

$$d(T(x), T(y)) \leq L d(x,y) \quad \text{für alle} \quad x, y \in X,$$

dann heißt T kontrahierend und die Folge $\{x_i\}_{i \in \mathbb{N}_0}$ gegeben durch

$$x_{i+1} = T(x_i), \quad i \in \mathbb{N}_0,$$

konvergiert für jeden Startpunkt $x_0 \in X$ gegen den einzigen Fixpunkt $\boldsymbol{x}_{\text{fix}}$ von T, also gegen den einzigen Punkt $\boldsymbol{x}_{\text{fix}} \in X$ mit

$$\boldsymbol{x}_{\text{fix}} = T(\boldsymbol{x}_{\text{fix}}).$$

◁

Nun kommen wir zu den angekündigten Eigenschaften.

Satz 1.3 (Eigenschaften der Kurve des steilsten Abstiegs) Betrachte

$$f : \mathbb{R}^n \to \mathbb{R}, \; n \in \mathbb{N}, \quad f \in C^2(\mathbb{R}^n, \mathbb{R}), \quad \boldsymbol{x}_0 \in \mathbb{R}^n,$$

unter der Voraussetzung, dass die Niveaumenge

$$L_{f,\boldsymbol{x}_0} := \{\boldsymbol{x} \in \mathbb{R}^n;\ f(\boldsymbol{x}) \le f(\boldsymbol{x}_0)\}$$

beschränkt ist, dann folgt

(i) Das Anfangswertproblem

$$\dot{\boldsymbol{x}}(t) = -\nabla f(\boldsymbol{x}(t)), \quad \boldsymbol{x}(0) = \boldsymbol{x}_0,$$

besitzt eine eindeutige Lösung $\boldsymbol{x} : [0, \infty) \to \mathbb{R}^n$.

(ii) Entweder gilt

$$\boldsymbol{x} \equiv \boldsymbol{x}_0 \quad \text{genau dann, wenn} \quad \nabla f(\boldsymbol{x}_0) = \boldsymbol{0}$$

oder

$$f(\boldsymbol{x}(t+h)) < f(\boldsymbol{x}(t)) \quad \text{für alle} \quad t, h \in [0, \infty),\ h > 0.$$

(iii) Es existiert ein Punkt $\boldsymbol{x}_{\text{stat}} \in \mathbb{R}^n$ mit

$$\lim_{t\to\infty} f(\boldsymbol{x}(t)) = f(\boldsymbol{x}_{\text{stat}}) \quad \text{und} \quad \nabla f(\boldsymbol{x}_{\text{stat}}) = \boldsymbol{0}.$$

◁

Beweis Da $L_{f,\boldsymbol{x}_0} = \{\boldsymbol{x} \in \mathbb{R}^n; f(\boldsymbol{x}) \le f(\boldsymbol{x}_0)\}$ beschränkt ist und $f \in C^2(\mathbb{R}^n, \mathbb{R})$, ist die Menge $L_{f,\boldsymbol{x}_0}$ kompakt und es existiert ein $r > 0$ mit

$$\{\boldsymbol{x} \in \mathbb{R}^n;\ f(\boldsymbol{x}) \le f(\boldsymbol{x}_0)\} \subseteq \{\boldsymbol{x} \in \mathbb{R}^n;\ \|\boldsymbol{x}\|_2 \le r\}.$$

Mit

$$\boldsymbol{g} : \mathbb{R}^n \to \mathbb{R}^n, \quad \boldsymbol{x} \mapsto \begin{cases} \nabla f(\boldsymbol{x}) & \text{falls} \quad \|\boldsymbol{x}\|_2 \le r \\ \nabla f\left(\frac{r\boldsymbol{x}}{\|\boldsymbol{x}\|_2}\right) & \text{falls} \quad \|\boldsymbol{x}\|_2 > r \end{cases}$$

betrachten wir das Anfangswertproblem

$$\dot{\boldsymbol{z}}(t) = -\boldsymbol{g}(\boldsymbol{z}(t)), \quad \boldsymbol{z}(0) = \boldsymbol{x}_0.$$

Da $\boldsymbol{g}$ einer globalen Lipschitz-Bedingung mit Lipschitz Konstante $L > 0$ genügt, also:

$$\|\boldsymbol{g}(\boldsymbol{x}) - \boldsymbol{g}(\boldsymbol{y})\|_2 \le L\|\boldsymbol{x} - \boldsymbol{y}\|_2 \quad \text{für alle} \quad \boldsymbol{x}, \boldsymbol{y} \in \mathbb{R}^n,$$

kann man die Existenz und Eindeutigkeit einer Lösung $\boldsymbol{z} : [0, \infty) \to \mathbb{R}^n$ dieses Anfangsproblems mit dem Fixpunktsatz von Banach beweisen. Zu diesem Zweck wählen wir ein $T > 0$ und untersuchen die Integraldarstellung

$$\boldsymbol{z}(t) = \boldsymbol{x}_0 - \int_0^t \boldsymbol{g}(\boldsymbol{z}(\tau))\, \mathrm{d}\tau, \quad t \in [0, T].$$

Sei $C^0([0, T], \mathbb{R}^n)$ die Menge aller stetigen Funktionen $\boldsymbol{u} : [0, T] \to \mathbb{R}^n$ und

$$K : C^0([0, T], \mathbb{R}^n) \to C^0([0, T], \mathbb{R}^n), \quad K(\boldsymbol{u})(t) = \boldsymbol{x}_0 - \int_0^t \boldsymbol{g}(\boldsymbol{u}(\tau))\, \mathrm{d}\tau, \quad t \in [0, T],$$

dann ist jede Lösung des Anfangswertproblems

$$\dot{\boldsymbol{z}}(t) = -\boldsymbol{g}(\boldsymbol{z}(t)), \quad \boldsymbol{z}(0) = \boldsymbol{x}_0, \quad t \in [0, T],$$

ein Fixpunkt $\boldsymbol{z}_T$ von K und umgekehrt. Mit

$$d : C^0([0, T], \mathbb{R}^n) \times C^0([0, T], \mathbb{R}^n) \to \mathbb{R}, \quad (\boldsymbol{u}, \boldsymbol{v}) \mapsto \max_{t \in [0, T]} \left(\|\boldsymbol{u}(t) - \boldsymbol{v}(t)\|_2 e^{-2Lt} \right)$$

erhalten wir einen vollständigen metrischen Raum $(C^0([0, T], \mathbb{R}^n), d)$.

Durch

$$\begin{aligned}
\|K(\boldsymbol{u})(t) - K(\boldsymbol{v})(t)\|_2 e^{-2Lt} &= \left\| \int_0^t (\boldsymbol{g}(\boldsymbol{v}(\tau)) - \boldsymbol{g}(\boldsymbol{u}(\tau)))\, \mathrm{d}\tau \right\|_2 e^{-2Lt} \leq \\
&\leq \int_0^t \|\boldsymbol{g}(\boldsymbol{v}(\tau)) - \boldsymbol{g}(\boldsymbol{u}(\tau))\|_2\, \mathrm{d}\tau \cdot e^{-2Lt} = \\
&= \int_0^t \|\boldsymbol{g}(\boldsymbol{v}(\tau)) - \boldsymbol{g}(\boldsymbol{u}(\tau))\|_2 e^{-2L\tau} e^{2L\tau}\, \mathrm{d}\tau \cdot e^{-2Lt} \leq \\
&\leq L \int_0^t \|\boldsymbol{v}(\tau) - \boldsymbol{u}(\tau)\|_2 e^{-2L\tau} e^{2L\tau}\, \mathrm{d}\tau \cdot e^{-2Lt} \leq \\
&\leq L \cdot d(\boldsymbol{u}, \boldsymbol{v}) \int_0^t e^{2L\tau}\, \mathrm{d}\tau \cdot e^{-2Lt} = \\
&= L \cdot d(\boldsymbol{u}, \boldsymbol{v}) \frac{1}{2L} \left(e^{2Lt} - 1 \right) e^{-2Lt} \leq \\
&\leq \frac{L}{2L} d(\boldsymbol{u}, \boldsymbol{v}) = \frac{1}{2} d(\boldsymbol{u}, \boldsymbol{v}), \quad t \in [0, T],
\end{aligned}$$

ist gezeigt, dass

$$d(K(\boldsymbol{u}), K(\boldsymbol{v})) \leq \frac{1}{2} d(\boldsymbol{u}, \boldsymbol{v})$$

und dass somit der Fixpunktsatz von Banach anwendbar ist. Wir haben also eine eindeutige Lösung $\boldsymbol{z}_T : [0, T] \to \mathbb{R}^n$ des Anfangswertproblems

$$\dot{\boldsymbol{z}}(t) = -\boldsymbol{g}(\boldsymbol{z}(t)), \quad \boldsymbol{z}(0) = \boldsymbol{x}_0$$

für alle $T > 0$ gefunden und dies liefert eine eindeutige Lösung $\boldsymbol{z} : [0, \infty) \to \mathbb{R}^n$ des Anfangswertproblems

$$\dot{\boldsymbol{z}}(t) = -\boldsymbol{g}(\boldsymbol{z}(t)), \quad \boldsymbol{z}(0) = \boldsymbol{x}_0 .$$

Sei nun

$$\nabla f(\boldsymbol{x}_0) \neq \boldsymbol{0}$$

(falls $\nabla f(\boldsymbol{x}_0) = \boldsymbol{0}$, gibt es nichts zu tun), so betrachten wir die Funktion

$$\dot{f}(\boldsymbol{z}(\bullet)) : [0, \infty) \to \mathbb{R}, \quad t \mapsto \frac{\mathrm{d}}{\mathrm{d}t} f(\boldsymbol{z}(t)) \quad (= -\nabla f(\boldsymbol{z}(t))^\top \boldsymbol{g}(\boldsymbol{z}(t)))$$

(mit einseitigem Differentialquotienten für $t = 0$). Für $t = 0$ erhalten wir

$$\dot{f}(\boldsymbol{z}(0)) = -\nabla f(\boldsymbol{x}(0))^\top \boldsymbol{g}(\boldsymbol{x}(0)) = -\nabla f(\boldsymbol{x}_0)^\top \nabla f(\boldsymbol{x}_0) < 0.$$

Da $\dot{f}(\boldsymbol{z}(\bullet))$ stetig ist, existiert entweder ein kleinstes $\theta > 0$ mit

$$\dot{f}(\boldsymbol{z}(\theta)) = 0$$

oder

$$\dot{f}(\boldsymbol{z}(t)) < 0 \quad \text{für alle} \quad t \in [0, \infty).$$

Falls $\theta > 0$ dieser Art existiert, gilt $\boldsymbol{z}(t) \in L_{f,\boldsymbol{x}_0}$ für alle $t \in [0, \theta]$ und das Anfangswertproblem

$$\dot{\boldsymbol{w}}(t) = \boldsymbol{g}(\boldsymbol{w}(t)) \, (= \nabla f(\boldsymbol{w}(t))), \quad \boldsymbol{w}(0) = \boldsymbol{z}(\theta), \quad t \in [0, \theta]$$

hat notwendigerweise die beiden Lösungen

$$\begin{aligned} \boldsymbol{w}_1 &: [0, \theta] \to \mathbb{R}^n, \quad t \mapsto \boldsymbol{z}(\theta) \\ \boldsymbol{w}_2 &: [0, \theta] \to \mathbb{R}^n, \quad t \mapsto \boldsymbol{z}(\theta - t), \end{aligned}$$

was einen Widerspruch zur Lipschitz-Stetigkeit von $\boldsymbol{g}$ darstellt. Daher gilt

$$\dot{f}(\boldsymbol{z}(t)) < 0 \quad \text{für alle} \quad t \in [0, \infty)$$

und

$$\boldsymbol{z}(t) \in \{\boldsymbol{x} \in \mathbb{R}^n;\ f(\boldsymbol{x}) \le f(\boldsymbol{x}_0)\} \quad \text{für alle} \quad t \in [\,0, \infty);$$

folglich ist die eindeutige Lösung

$$\boldsymbol{x} : [0, \infty) \to \mathbb{R}^n$$

des Anfangswertproblems

$$\dot{\boldsymbol{x}}(t) = -\nabla f(\boldsymbol{x}(t)), \quad \boldsymbol{x}(0) = \boldsymbol{x}_0$$

gegeben durch

$$\boldsymbol{x} = \boldsymbol{z}$$

(Teil (i)). Dank

$$\dot{f}(\boldsymbol{x}(t)) < 0 \quad \text{für alle} \quad t \in [0, \infty)$$

erhalten wir

$$f(\boldsymbol{x}(t+h)) < f(\boldsymbol{x}(t)) \quad \text{für alle} \quad t, h \in [0, \infty),\ h > 0$$

(Teil (ii)).

Da

$$\boldsymbol{x}(t) \in \{\boldsymbol{x} \in \mathbb{R}^n;\ f(\boldsymbol{x}) \le f(\boldsymbol{x}_0)\} \quad \text{für alle} \quad t \in [\,0, \infty),$$

erhalten wir für alle $t \in [\,0, \infty)$ aus der Kompaktheit von

$$\{\boldsymbol{x} \in \mathbb{R}^n;\ f(\boldsymbol{x}) \le f(\boldsymbol{x}_0)\}$$

und der Stetigkeit von f:

$$f(\boldsymbol{x}(0)) \ge f(\boldsymbol{x}(t)) \ge \min_{\boldsymbol{y} \in \{\boldsymbol{x} \in \mathbb{R}^n;\ f(\boldsymbol{x}) \le f(\boldsymbol{x}_0)\}} \{f(\boldsymbol{y})\} > -\infty\,.$$

Da $f(\boldsymbol{x}(t))$ eine monoton fallende Funktion in t darstellt, die nach unten beschränkt ist, existiert ein $M \in \mathbb{R}$ mit

$$\lim_{t\to\infty} f(\boldsymbol{x}(t)) = M\,.$$

Daher gilt:

$$M - f(\boldsymbol{x}_0) = \int_0^\infty \dot{f}(\boldsymbol{x}(t))\,\mathrm{d}t = -\int_0^\infty \|\nabla f(\boldsymbol{x}(t))\|_2^2\,\mathrm{d}t\,.$$

Aus dieser Gleichung und der Tatsache, dass

$$\|\nabla f(\boldsymbol{x}(t))\|_2^2 > 0 \quad \text{für alle} \quad t > 0\,,$$

folgt die Existenz einer Folge $\{\boldsymbol{x}(t_k)\}_{k\in\mathbb{N}}$ mit

$$0 \le t_k < t_{k+1},\ k \in \mathbb{N},\ \lim_{k\to\infty} t_k = \infty \quad \text{und} \quad \lim_{k\to\infty} \nabla f(\boldsymbol{x}(t_k)) = \boldsymbol{0}\,.$$

Da

$$\boldsymbol{x}(t_k) \in \{\boldsymbol{x} \in \mathbb{R}^n;\ f(\boldsymbol{x}) \le f(\boldsymbol{x}_0)\} \quad \text{für alle} \quad k \in \mathbb{N}\,,$$

existiert eine konvergente Teilfolge $\{\boldsymbol{x}(t_{k_j})\}_{j\in\mathbb{N}}$ mit

$$1 \le k_j < k_{j+1},\ j \in \mathbb{N},\ \lim_{j\to\infty} k_j = \infty \quad \text{und} \quad \lim_{j\to\infty} \boldsymbol{x}(t_{k_j}) = \boldsymbol{x}_{\text{stat}}\,.$$

Zusammenfassend erhalten wir

$$\lim_{j\to\infty} f(\boldsymbol{x}(t_{k_j})) = M = f(\boldsymbol{x}_{\text{stat}}) \quad \text{und} \quad \nabla f(\boldsymbol{x}_{\text{stat}}) = \boldsymbol{0}\,.$$

q.e.d.

Zur Erinnerung: Eine notwendige Bedingung an einen Punkt $\boldsymbol{x}_{\text{stat}}$, lokale Minimalstelle der Funktion f zu sein, ist

$$\nabla f(\boldsymbol{x}_{\text{stat}}) = \boldsymbol{0}\,.$$

Die Kurve des steilsten Abstiegs, gegeben durch

$$\dot{\boldsymbol{x}}(t) = -\nabla f(\boldsymbol{x}(t))\,, \qquad \boldsymbol{x}(0) = \boldsymbol{x}_0\,,$$

ist regulär, da $\|\dot{\boldsymbol{x}}(t)\|_2 > 0$ für alle $t \in [0,\infty)$. In der Differentialgeometrie ist es üblich, Reparametrisierungen zu betrachten:

(i) Parametrisierung nach Bogenlänge mit $\nabla f(\boldsymbol{x}(0)) \neq \boldsymbol{0}$:

$$\boldsymbol{y}'(s) = -\frac{\nabla f(\boldsymbol{y}(s))}{\|\nabla f(\boldsymbol{y}(s))\|_2}, \quad \boldsymbol{y}(0) = \boldsymbol{x}_0,$$

mit Bogenlänge S zwischen $\boldsymbol{y}(s_0)$ und $\boldsymbol{y}(s_1)$:

$$S = \int_{s_0}^{s_1} \|\boldsymbol{y}'(s)\|_2 \, \mathrm{d}s = \int_{s_0}^{s_1} 1 \, \mathrm{d}s = s_1 - s_0 .$$

(ii) Parametrisierung nach Funktionswerten mit $\nabla f(\boldsymbol{x}(0)) \neq \boldsymbol{0}$:

$$\boldsymbol{v}'(\rho) = -\frac{\nabla f(\boldsymbol{v}(\rho))}{\|\nabla f(\boldsymbol{v}(\rho))\|_2^2}, \quad \boldsymbol{v}(0) = \boldsymbol{x}_0,$$

mit

$$f(\boldsymbol{v}(\rho_1)) - f(\boldsymbol{v}(\rho_0)) = \int_{\rho_0}^{\rho_1} \frac{\mathrm{d}}{\mathrm{d}\rho} f(\boldsymbol{v}(\rho)) \, \mathrm{d}\rho = \int_{\rho_0}^{\rho_1} (-1) \, \mathrm{d}\rho = \rho_0 - \rho_1 .$$

Eine charakteristische Größe einer Kurve ist ihre Krümmung, die ein Maß für die lokale Abweichung der Kurve von einer Geraden darstellt. Die Krümmung einer zweimal stetig differenzierbaren Kurve

$$\boldsymbol{x} : [0, \infty) \to \mathbb{R}^2, \quad t \mapsto \boldsymbol{x}(t)$$

ist nach [Tho78] gegeben durch:

$$\kappa : [0, \infty) \to \mathbb{R}, \quad t \mapsto \frac{\dot{x}_1(t)\ddot{x}_2(t) - \ddot{x}_1(t)\dot{x}_2(t)}{(\dot{x}_1(t)^2 + \dot{x}_2(t)^2)^{\frac{3}{2}}} .$$

Beispiel 1.4 Betrachte das lokale Minimierungsproblem

$$\min_{\boldsymbol{w}} \left\{ \frac{1}{2} \boldsymbol{w}^{\mathrm{T}} \underbrace{\begin{pmatrix} 1{,}5 & -0{,}5 \\ -0{,}5 & 1{,}5 \end{pmatrix}}_{N} \boldsymbol{w} \right\}$$

mit Startpunkt

$$\boldsymbol{w}_0 = \begin{pmatrix} 2 \\ 0 \end{pmatrix}.$$

Abb. 1.1 Beispiel 1.4, Kurve $\boldsymbol{w}$

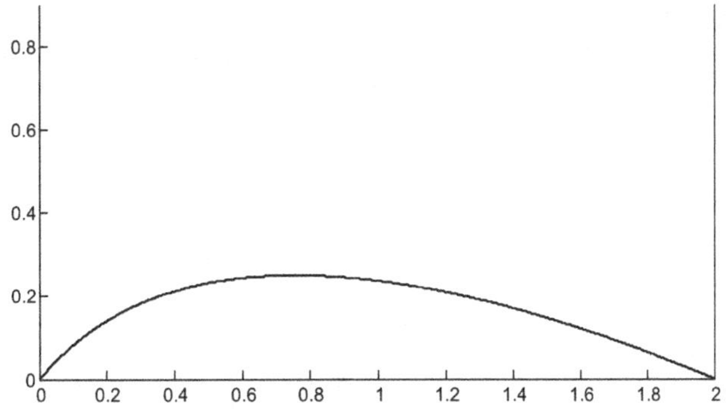

Die Kurve des steilsten Abstiegs ist gegeben durch

$$\dot{\boldsymbol{w}}(t) = -\begin{pmatrix} 1{,}5 & -0{,}5 \\ -0{,}5 & 1{,}5 \end{pmatrix} \boldsymbol{w}(t) \ (= -\boldsymbol{N}\boldsymbol{w}(t)), \quad \boldsymbol{w}(0) = \begin{pmatrix} 2 \\ 0 \end{pmatrix},$$

mit der eindeutigen Lösung

$$\boldsymbol{w} : [0, \infty) \to \mathbb{R}^2, \quad t \mapsto \begin{pmatrix} e^{-t} + e^{-2t} \\ e^{-t} - e^{-2t} \end{pmatrix} \quad \text{(Abb. 1.1)}.$$

Abbildung 1.2 zeigt die Krümmung κ dieser Kurve.

Es gilt:

$$0 < \kappa(t) < 1{,}5, \quad t \in [0, \infty).$$

◁

Beispiel 1.5 Nun untersuchen wir das folgende lokale Minimierungsproblem

$$\min_{\boldsymbol{x}} \left\{ \frac{1}{2} \boldsymbol{x}^{\mathsf{T}} \underbrace{\begin{pmatrix} 500{,}5 & -499{,}5 \\ -499{,}5 & 500{,}5 \end{pmatrix}}_{\boldsymbol{M}} \boldsymbol{x} \right\}$$

mit Startpunkt

$$\boldsymbol{x}_0 = \begin{pmatrix} 2 \\ 0 \end{pmatrix}.$$

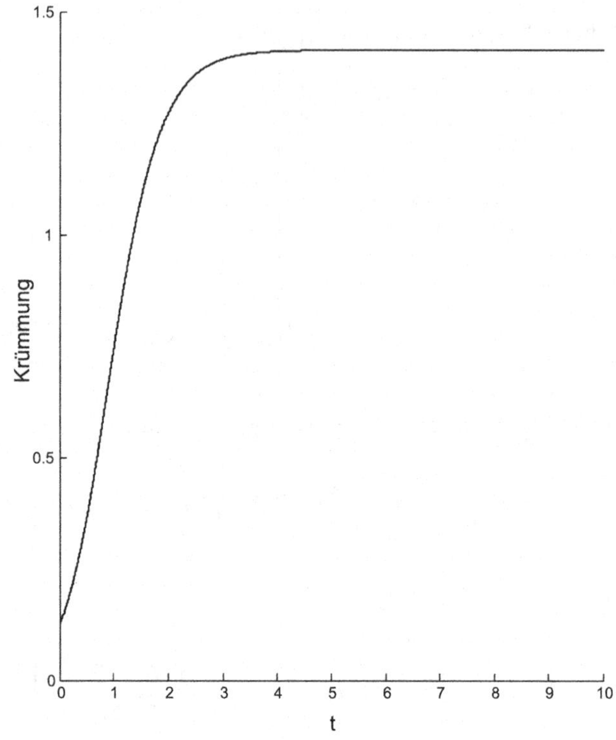

Abb. 1.2 Beispiel 1.4, Krümmung von $\boldsymbol{w}$

In diesem Fall ist die Kurve des steilsten Abstiegs gegeben durch

$$\dot{\boldsymbol{x}}(t) = -\begin{pmatrix} 500{,}5 & -499{,}5 \\ -499{,}5 & 500{,}5 \end{pmatrix} \boldsymbol{x}(t) \; (= -\boldsymbol{M}\boldsymbol{x}(t)), \quad \boldsymbol{x}(0) = \begin{pmatrix} 2 \\ 0 \end{pmatrix},$$

mit der eindeutigen Lösung (Abb. 1.3)

$$\boldsymbol{x} : [0, \infty) \to \mathbb{R}^2, \quad t \mapsto \begin{pmatrix} e^{-t} + e^{-1000t} \\ e^{-t} - e^{-1000t} \end{pmatrix}.$$

Die maximale Krümmung bei $\hat{t} \approx 0{,}008$ mit $\kappa(\hat{t}) \approx 275$ (Abb. 1.4) steht in Beziehung zum Knick in Abb. 1.3. ◁

Es ist im Allgemeinen nicht möglich, die Kurve des steilsten Abstiegs analytisch zu berechnen; daher betrachten wir im folgenden numerische Approximationen.

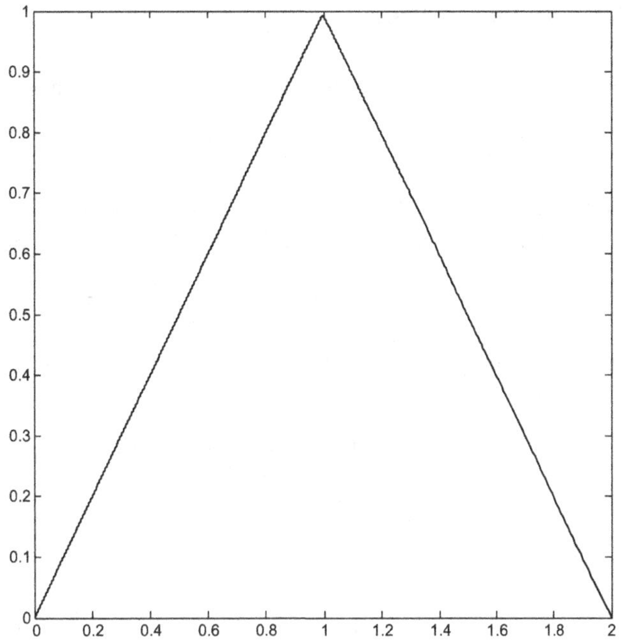

Abb. 1.3 Beispiel 1.5, Kurve $\boldsymbol{x}$

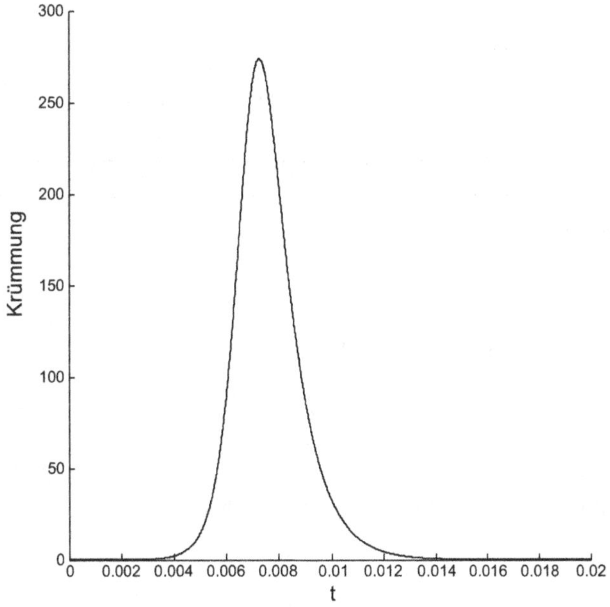

Abb. 1.4 Beispiel 1.5, Krümmung von $\mathbf{x}$

1.2 Approximation

Ein naheliegender Zugang zur numerischen Approximation des Anfangswertproblems

$$\dot{\boldsymbol{x}}(t) = -\nabla f(\boldsymbol{x}(t)), \quad \boldsymbol{x}(0) = \boldsymbol{x}_0,$$

ist durch das Eulerverfahren gegeben. Unter der Annahme, dass man eine Approximation $\boldsymbol{x}_{\text{app}}(\bar{t})$ von $\boldsymbol{x}(\bar{t})$ berechnet hat, liefert das Eulerverfahren mit Schrittweite $h > 0$:

$$\boldsymbol{x}_{\text{app}}(\bar{t} + h) = \boldsymbol{x}_{\text{app}}(\bar{t}) - h\nabla f(\boldsymbol{x}_{\text{app}}(\bar{t}))$$

als Approximation von $\boldsymbol{x}(\bar{t} + h)$. Diese Vorgehensweise ergibt sich aus der Ersetzung von

$$\int_{\bar{t}}^{\bar{t}+h} \nabla f(\boldsymbol{x}(t))\,\mathrm{d}t \quad \text{durch} \quad h\nabla f(\boldsymbol{x}(\bar{t}))$$

in der Integralform

$$\boldsymbol{x}(\bar{t} + h) = \boldsymbol{x}_{\text{app}}(\bar{t}) - \int_{\bar{t}}^{\bar{t}+h} \nabla f(\boldsymbol{x}(t))\,\mathrm{d}t$$

des Anfangswertproblems

$$\dot{\boldsymbol{x}}(t) = -\nabla f(\boldsymbol{x}(t)), \quad \boldsymbol{x}(\bar{t}) = \boldsymbol{x}_{\text{app}}(\bar{t}).$$

In der nichtlinearen Optimierung wird das Eulerverfahren, angewandt auf die Kurve des steilsten Abstiegs, auch Methode des steilsten Abstiegs genannt, wobei die Schrittweite h so gewählt wird, dass

$$f(\boldsymbol{x}_{\text{app}}(\bar{t} + h)) < f(\boldsymbol{x}_{\text{app}}(\bar{t})).$$

Das Eulerverfahren ist exakt, falls

$$\nabla f(\boldsymbol{x}(\bullet)) : [\bar{t}, \bar{t} + h] \to \mathbb{R}^n, \quad t \mapsto \nabla f(\boldsymbol{x}(t))$$

eine konstante Funktion darstellt. In diesem Fall ist die Krümmung der Kurve des steilsten Abstiegs auf dem Intervall $[\bar{t}, \bar{t} + h]$ gleich Null. Kommen wir nun zurück zu Beispiel 1.5

$$\min_{\boldsymbol{x}} \left\{ \frac{1}{2}\boldsymbol{x}^\top \underbrace{\begin{pmatrix} 500{,}5 & -499{,}5 \\ -499{,}5 & 500{,}5 \end{pmatrix}}_{M} \boldsymbol{x} \right\}$$

mit Startpunkt

$$x_0 = \begin{pmatrix} 2 \\ 0 \end{pmatrix}.$$

Wir zeigen nun, dass das Eulerverfahren mit konstanter Schrittweite $h > 0$ für dieses Beispiel aufgrund der großen Krümmung der Kurve des steilsten Abstiegs nur sehr kleine Schrittweiten erlaubt. Es gilt mit $I_2 = \left(\begin{smallmatrix} 1 & 0 \\ 0 & 1 \end{smallmatrix}\right)$:

$$\begin{aligned} x_{\text{app}}(0 + ih) &= x_{\text{app}}(0 + (i-1)h) - hMx_{\text{app}}(0 + (i-1)h) = \\ &= (I_2 - hM)x_{\text{app}}(0 + (i-1)h) = \\ &= (I_2 - hM)^i \begin{pmatrix} 2 \\ 0 \end{pmatrix}. \end{aligned}$$

Während $\lim\limits_{t\to\infty} x(t) = \left(\begin{smallmatrix} 0 \\ 0 \end{smallmatrix}\right)$, konvergiert die Folge $\{x_{\text{app}}(0 + ih)\}_{i\in\mathbb{N}}$ für $i \to \infty$ gegen $\left(\begin{smallmatrix} 0 \\ 0 \end{smallmatrix}\right)$ genau dann, wenn

$$|1 - h\lambda_1| < 1 \quad \text{und} \quad |1 - h\lambda_2| < 1,$$

wobei $\lambda_1 = 1$ und $\lambda_2 = 1000$ die Eigenwerte der Matrix M sind. Somit konvergiert die Folge $\{x_{\text{app}}(0 + ih)\}_{i\in\mathbb{N}}$ für $i \to \infty$ gegen $\left(\begin{smallmatrix} 0 \\ 0 \end{smallmatrix}\right)$ genau dann, wenn $0 < h < 0{,}002$ (eine analoge Vorgehensweise führt auf $0 < h < 1$ in Beispiel 1.4).

Um diese Schwierigkeiten zu vermeiden, ersetzt man

$$\int_{\bar{t}}^{\bar{t}+h} \nabla f(x(t))\,\mathrm{d}t \quad \text{durch} \quad h\nabla f(x(\bar{t} + h))$$

in der Integralform

$$x(\bar{t} + h) = x_{\text{app}}(\bar{t}) - \int_{\bar{t}}^{\bar{t}+h} \nabla f(x(t))\,\mathrm{d}t$$

des Anfangswertproblems

$$\dot{x}(t) = -\nabla f(x(t)), \quad x(\bar{t}) = x_{\text{app}}(\bar{t});$$

dies führt zum impliziten Eulerverfahren. Wendet man dieses Verfahren auf

$$\dot{x}(t) = -\begin{pmatrix} 500{,}5 & -499{,}5 \\ -499{,}5 & 500{,}5 \end{pmatrix} x(t) \;(= -Mx(t)), \quad x(0) = \begin{pmatrix} 2 \\ 0 \end{pmatrix}$$

an, so ergibt sich

$$\boldsymbol{x}_{\text{app}}(0 + ih) = \boldsymbol{x}_{\text{app}}(0 + (i-1)h) - h\boldsymbol{M}\boldsymbol{x}_{\text{app}}(0 + ih)$$

beziehungsweise

$$\begin{aligned}\boldsymbol{x}_{\text{app}}(0 + ih) &= (\boldsymbol{I}_2 + h\boldsymbol{M})^{-1}\boldsymbol{x}_{\text{app}}(0 + (i-1)h) = \\ &= (\boldsymbol{I}_2 + h\boldsymbol{M})^{-i}\begin{pmatrix} 2 \\ 0 \end{pmatrix}.\end{aligned}$$

Jetzt konvergiert die Folge $\{\boldsymbol{x}_{\text{app}}(0 + ih)\}_{i\in\mathbb{N}}$ für $i \to \infty$ gegen $\left(\begin{smallmatrix} 0 \\ 0 \end{smallmatrix}\right)$ genau dann, wenn

$$|1 + h\lambda_1| > 1 \quad \text{und} \quad |1 + h\lambda_2| > 1$$

mit $\lambda_1 = 1$ und $\lambda_2 = 1000$, also ohne Restriktion an die Schrittweite. Nachteil dieser Vorgehensweise ist die Notwendigkeit, im Allgemeinen ein nichtlineares Gleichungssystem

$$\boldsymbol{x}_{\text{app}}(\bar{t} + h) = \boldsymbol{x}_{\text{app}}(\bar{t}) - h\nabla f(\boldsymbol{x}_{\text{app}}(\bar{t} + h))$$

beziehungsweise

$$\boldsymbol{x}_{\text{app}}(\bar{t} + h) + h\nabla f(\boldsymbol{x}_{\text{app}}(\bar{t} + h)) - \boldsymbol{x}_{\text{app}}(\bar{t}) = \boldsymbol{0}$$

lösen zu müssen. Mit der Funktion

$$\boldsymbol{F} : \mathbb{R}^n \to \mathbb{R}^n, \quad \boldsymbol{z} \mapsto \boldsymbol{z} + h\nabla f(\boldsymbol{z}) - \boldsymbol{x}_{\text{app}}(\bar{t})$$

ist die Linearisierung von $\boldsymbol{F}$ an der Stelle $\boldsymbol{x}_{\text{app}}(\bar{t})$ gegeben durch

$$\boldsymbol{LF} : \mathbb{R}^n \to \mathbb{R}^n, \quad \boldsymbol{z} \mapsto h\nabla f(\boldsymbol{x}_{\text{app}}(\bar{t})) + \left(\boldsymbol{I}_n + h\nabla^2 f(\boldsymbol{x}_{\text{app}}(\bar{t}))\right)(\boldsymbol{z} - \boldsymbol{x}_{\text{app}}(\bar{t})),$$

wobei $\boldsymbol{I}_n$ die n-dimensionale Einheitsmatrix und $\nabla^2 f$ die Hesse-Matrix von f bezeichnet. Die Gleichung

$$\boldsymbol{x}_{\text{app}}(\bar{t} + h) + h\nabla f(\boldsymbol{x}_{\text{app}}(\bar{t} + h)) - \boldsymbol{x}_{\text{app}}(\bar{t}) = \boldsymbol{0}$$

ist äquivalent zu

$$\boldsymbol{F}(\boldsymbol{x}_{\text{app}}(\bar{t} + h)) = \boldsymbol{0}.$$

Ersetzt man $\boldsymbol{F}$ durch $\boldsymbol{LF}$, ergibt sich:

$$h\nabla f(\boldsymbol{x}_{\text{app}}(\bar{t})) + \left(\boldsymbol{I}_n + h\nabla^2 f(\boldsymbol{x}_{\text{app}}(\bar{t}))\right)(\boldsymbol{x}_{\text{app}}(\bar{t} + h) - \boldsymbol{x}_{\text{app}}(\bar{t})) = \boldsymbol{0}$$

beziehungsweise

$$\boldsymbol{x}_{\text{app}}(\bar{t}+h) = \boldsymbol{x}_{\text{app}}(\bar{t}) - \left(\frac{1}{h}\boldsymbol{I}_n + \nabla^2 f(\boldsymbol{x}_{\text{app}}(\bar{t}))\right)^{-1} \nabla f(\boldsymbol{x}_{\text{app}}(\bar{t}))$$

für geeignete $h > 0$ (klein genug, so dass $\left(\frac{1}{h}\boldsymbol{I}_n + \nabla^2 f(\boldsymbol{x}_{\text{app}}(\bar{t}))\right)$ positiv definit ist). Diese Methode wird als semi-implizites Eulerverfahren bezeichnet.

Mathematik der Information 2

2.1 Wahrscheinlichkeit und Informationsmenge

In der mathematischen Informationstheorie ist der Begriff **Information** unmittelbar mit dem Begriff **Wahrscheinlichkeit** gekoppelt. Je kleiner die Wahrscheinlichkeit für das Auftreten eines Ereignisses ist, desto größer ist die Menge an Information, die diesem Ereignis innewohnt. Aus diesem Grund wird nun jeder reellen Zahl $p \in [0,1]$ eine Informationsmenge $I(p)$ zugeordnet; von dieser Funktion I werden gewisse Eigenschaften gefordert:

(i) Die Funktion $I : [0,1] \to [0,\infty]$ ist auf dem offenen Intervall $(0,1)$ stetig.
(ii) $I\left(\frac{1}{e}\right) = 1$.
(iii) $I(pq) = I(p) + I(q)$ für alle $p, q \in (0,1)$.
(iv) $I(0) = \lim\limits_{\substack{p\to 0\\ p\in(0,1)}} I(p), I(1) = \lim\limits_{\substack{p\to 1\\ p\in(0,1)}} I(p)$.

Bevor wir diese Forderungen genauer betrachten, soll nun in einem ersten Resultat gezeigt werden, dass die Funktion I auf dem Intervall $(0,1)$ durch die ersten drei Eigenschaften eindeutig festgelegt ist.

Satz 2.1 (Eindeutigkeit der Funktion I**)** Es gibt genau eine Funktion

$$h : (0,1) \to (0,\infty)$$

mit:

(i) h ist stetig.
(ii) $h\left(\frac{1}{e}\right) = 1$.
(iii) $h(pq) = h(p) + h(q)$ für alle $p, q \in (0,1)$.

S. Schäffler, *Globale Optimierung*, Mathematik im Fokus, DOI 10.1007/978-3-642-41767-2_2,

Diese Funktion ist die Umkehrfunktion zu

$$f : (0, \infty) \to (0,1)\,,\ x \mapsto e^{-x}$$

und damit der negative Logarithmus naturalis auf dem Intervall $(0,1)$ (bezeichnet mit: $-\ln_{(0,1)}$). Es gilt:

$$\lim_{\substack{x\to 0\\ x>0}} x \cdot (-\ln_{(0,1)}(x)) = 0\,.$$

◁

Beweis Seien $n, m \in \mathbb{N}$, so gilt für eine Funktion

$$h : (0,1) \to (0, \infty)$$

mit den Eigenschaften (i)–(iii):

$$h\left(e^{-n}\right) = h\left(\left(\frac{1}{e}\right)^{n}\right) = n \cdot h\left(\frac{1}{e}\right) = n\,.$$

Ferner erhalten wir aus

$$n = h\left(\left(\frac{1}{e}\right)^{n}\right) = h\left(\left(\left(\frac{1}{e}\right)^{\frac{n}{m}}\right)^{m}\right) = mh\left(\left(\frac{1}{e}\right)^{\frac{n}{m}}\right)$$

die Gleichung

$$h\left(e^{-\frac{n}{m}}\right) = h\left(\left(\frac{1}{e}\right)^{\frac{n}{m}}\right) = \frac{n}{m}\,.$$

Sei nun $y \in (0,1)$, so gibt es ein eindeutiges $x \in (0, \infty)$ mit $y = e^{-x}$. Da $\mathbb{Q}$ dicht in $\mathbb{R}$ liegt, gibt es zwei Folgen $\{m_i\}_{i\in\mathbb{N}}$ und $\{n_i\}_{i\in\mathbb{N}}$ natürlicher Zahlen mit

$$\lim_{i\to\infty} \frac{n_i}{m_i} = x\,.$$

Aus der Stetigkeit von f und h folgt:

$$\begin{aligned} h\left(e^{-x}\right) &= h\left(e^{-\lim_{i\to\infty}\frac{n_i}{m_i}}\right) = h\left(\lim_{i\to\infty} e^{-\frac{n_i}{m_i}}\right) = \\ &= \lim_{i\to\infty} h\left(e^{-\frac{n_i}{m_i}}\right) = \lim_{i\to\infty} h\left(\left(\frac{1}{e}\right)^{\frac{n_i}{m_i}}\right) = \\ &= \lim_{i\to\infty} \frac{n_i}{m_i} = x\,. \end{aligned}$$

Es gilt also: $h = -\ln_{(0,1)}$.

Für $x > 0$ ist

$$e^x = \sum_{k=0}^{\infty} \frac{x^k}{k!} = 1 + x + \frac{x^2}{2} + \sum_{k=3}^{\infty} \frac{x^k}{k!} > \frac{x^2}{2}.$$

Somit erhalten wir:

$$\begin{aligned} 0 &\le \lim_{\substack{x\to 0\\ x>0}} x \cdot (-\ln_{(0,1)}(x)) = \lim_{y\to\infty} \frac{1}{y} \cdot \left(-\ln_{(0,1)}\left(\frac{1}{y}\right)\right) = \lim_{y\to\infty} \frac{\ln(y)}{y} = \\ &= \lim_{y\to\infty} \frac{\ln(y)}{e^{\ln(y)}} = \lim_{z\to\infty} \frac{z}{e^z} \le \\ &\le \lim_{z\to\infty} \frac{z}{\frac{z^2}{2}} = 0. \end{aligned}$$

q.e.d.

Aus diesem Resultat folgt, dass unsere gesuchte Funktion I auf dem Intervall $(0,1)$ durch die Funktion $-\ln_{(0,1)}$ festgelegt ist. Da

$$\lim_{\substack{p\to 1\\ p\in(0,1)}} (-\ln_{(0,1)}(p)) = -\ln(1) = 0 \quad \text{und}$$

$$\lim_{\substack{p\to 0\\ p\in(0,1)}} (-\ln_{(0,1)}(p)) = \lim_{\substack{p\to 0\\ p\in(0,1)}} (-\ln(p)) = \infty,$$

folgt:

$$I(0) = \infty \quad \text{und} \quad I(1) = 0.$$

Mit der in der Maßtheorie üblichen Festlegung

$$\infty + a = a + \infty = \infty \quad \text{für alle} \quad a \in \mathbb{R} \cup \{\infty\}$$

gilt sogar

$$I(pq) = I(p) + I(q) \quad \text{für alle} \quad p, q \in [0,1].$$

Um uns vom Begriff **Informationsmenge** gegeben durch die Funktion I eine Vorstellung machen zu können, stellen wir uns das folgende Szenario vor:

Am 19. April 2005 treffen sich zwei Personen, A und B, und unterhalten sich. Eine dritte Person – nennen wir sie C – kommt hinzu und berichtet, dass heute Joseph Kardinal Ratzinger zum Papst gewählt wurde. Person A wusste das bereits, während Person B nichts wusste und fest mit einem Italiener als neuem Papst gerechnet hat; die Wahl eines deutschen Kardinals hielt Person B für ausgeschlossen. Ein und diesselbe Nachricht beinhaltet somit für die beiden Personen A und B völlig unterschiedliche Mengen an Information. Für Person A war die Wahrscheinlichkeit p_A*, dass Joseph Ratzinger zum Papst gewählt wird, in dem Moment, als sie die Nachricht von Person C erhält, gleich Eins, denn sie kannte das Ergebnis bereits. Somit war die Nachricht mit keinerlei Information verbunden:*

$$I(p_A) = I(1) = -\ln(1) = 0 .$$

Wir interpretieren also den Wert $I(p_A) \in [0, \infty]$ *als Informationsmenge, die Person A durch die Nachricht von C erhält, dass Joseph Kardinal Ratzinger zum Papst gewählt wurde. Für Person B war die Überraschung unendlich groß, da sie diese Wahl für unmöglich hielt (*$p_B = 0$*):*

$$I(p_B) = I(0) = \lim_{\substack{x \to 0 \\ x > 0}} -\ln_{(0,1)}(x) = \infty .$$

Person C hatte eine weitere Nachricht parat, nämlich dass ebenfalls an diesem Tag das griechische Parlament den Entwurf zu einer europäischen Verfassung genehmigt hat. Beide Personen A und B haben mit Wahrscheinlichkeit $q_A = q_B = 0{,}5$ *mit dieser Entscheidung gerechnet, kannten das Ergebnis aber noch nicht. Intuitiv wird man die Gesamtmenge an Information, die die Person A durch diese beiden Nachrichten erhalten hat, auf*

$$I(1) + I(0{,}5) = 0 - \ln_{(0,1)}(0{,}5) \approx 0{,}693 .$$

festlegen. Dies liegt daran, dass sich beide Ereignisse (Papstwahl und Abstimmung im griechischen Parlament) gegenseitig nicht beeinflussen. Die Wahrscheinlichkeit für das Eintreten beider Ereignisse ist somit gleich $p_A q_A$ *für Person A bzw.* $p_B q_B$ *für Person B und es gilt wegen (iii) für Person A:*

$$I(p_A q_A) = I(p_A) + I(q_A) = 0 - \ln_{(0,1)}(0{,}5) = -\ln_{(0,1)}(0{,}5) \approx 0{,}693 .$$

Wie sieht nun die Gesamtmenge an Information für Person B aus? Wegen $0 \cdot 0{,}5 = 0$ *und wegen der Festlegung*

$$\infty + a = a + \infty = \infty \quad \text{für alle} \quad a \in \mathbb{R} \cup \{\infty\}$$

gilt:

$$\infty = I(0) = I(p_B q_B) = I(0 \cdot 0{,}5) = I(0) + I(0{,}5) = \infty - \ln_{(0,1)}(0{,}5) = \infty .$$

◁

Die Forderung, dass die Funktion I auf dem Intervall $(0,1)$ stetig ist, muss nicht begründet werden; im Gegenteil: Es wäre wohl schwer zu begründen, warum man bei der Funktion I Unstetigkeitsstellen zulässt. Die Festlegung $I\left(\frac{1}{e}\right) = 1$ ist eine Normierung. Eine andere Festlegung führt nur zum negativen Logarithmus einer anderen Basis. Die Festlegung

$I\left(\frac{1}{10}\right) = 1$ würde zum Beispiel zum negativen Logarithmus zur Basis 10 für die Funktion I führen. Forderung (iv) beschreibt ebenfalls ein Stetigkeitsargument. Die Eigenschaft

$$I(pq) = I(p) + I(q) \quad \text{für alle} \quad p, q \in [0,1]$$

entspricht der Intuition, da sich die Menge an Information, die zwei Ereignissen innewohnt, die nichts miteinander zu tun haben (die Wahrscheinlichkeit für das Auftreten beider Ereignisse ist dann gerade das Produkt der Einzelwahrscheinlichkeiten), additiv aus der Menge der Einzelinformationen zusammensetzten sollte. Will man dies nicht, wäre es interessant zu wissen, warum. Die Informationsmenge besitzt auch eine Einheit; sie wird in *nat* gemessen. Da sich die Funktionen $-\ln_{(0,1)}$ und $-\ln$ auf dem Intervall $(0,1)$ nicht unterscheiden, verwenden wir im Folgenden nur noch die Funktion $-\ln$ bzw. ln.

2.2 Die Informationsmenge eines Zufallsexperiments

Wie wir bereits gesehen haben, hängt die Menge an Information, die man durch Kenntnisnahme des Auftretens eines Ereignisses erhält, nur von der Auftrittswahrscheinlichkeit p dieses Ereignisses ab und ist durch die Informationsmenge $I(p)$ dieser Wahrscheinlichkeit gegeben. Im Alltag kann diese Auftrittswahrscheinlichkeit sehr subjektiv sein, wie das obige Beispiel zeigt; auf welche Weise die zu betrachtenden Wahrscheinlichkeiten zustande kommen, wird im Folgenden keine Rolle spielen.

Wie es in der Wahrscheinlichkeitstheorie nicht genügt, Wahrscheinlichkeiten einzelner Ereignisse isoliert zu untersuchen, so genügt es auch in der Informationstheorie nicht, die Informationsmengen gegebener Wahrscheinlichkeiten isoliert zu betrachten. Untersuchen wir dazu das Werfen einer Münze und nehmen wir an, dass das Ergebnis *Kopf* mit Wahrscheinlichkeit $p_K = \frac{3}{8}$ und das Ergebnis *Zahl* mit Wahrscheinlichkeit $p_Z = \frac{5}{8}$ eintrifft. Wir können nun die Informationsmenge der einzelnen Wahrscheinlichkeiten berechnen und damit auch berechnen, wie groß die Menge an Information ist, die wir erhalten, wenn wir beim Wurf der Münze das Ergebnis *Kopf* (nämlich $I\left(\frac{3}{8}\right) = \ln(8) - \ln(3)$) bzw. das Ergebnis *Zahl* (nämlich $I\left(\frac{5}{8}\right) = \ln(8) - \ln(5)$) beobachten. Wir können aber auch die Frage stellen, wieviel Information wir denn im Mittel erwarten, wenn wir das Zufallsexperiment *Werfen einer Münze mit* $p_K = \frac{3}{8}$ *und* $p_Z = \frac{5}{8}$ durchführen; es wird also nach der mittleren Informationsmenge

$$p_K I(p_K) + p_Z I(p_Z) = \frac{3}{8}(\ln(8) - \ln(3)) + \frac{5}{8}(\ln(8) - \ln(5)) \approx$$
$$\approx 0{,}368 + 0{,}294 = 0{,}662$$

gefragt.

Um diese Fragestellung zu verallgemeinern, haben wir uns nun mit Wahrscheinlichkeitsräumen, also denjenigen mathematischen Objekten, die Zufallsexperimente repräsentieren, zu beschäftigen. In einem ersten Schritt werden in einer nichtleeren Menge Ω alle möglichen Ergebnisse des zu betrachtenden Zufallsexperiments zusammengefasst; daher wird Ω als **Ergebnismenge** bezeichnet. Nun interessiert man sich im Allgemeinen für Wahrscheinlichkeiten für das Auftreten gewisser Teilmengen von Ω. Idealerweise ist also eine Abbildung W gesucht, die jeder Teilmenge $A \subseteq \Omega$ eine Wahrscheinlichkeit $W(A) \in [0,1]$ zuordnet. Diese Abbildung darf nun nicht willkürlich gewählt werden, sondern sollte gewisse Eigenschaften haben, die wir intuitiv von Wahrscheinlichkeiten fordern und die wir nun zusammenfassen:

- $W : \mathcal{P}(\Omega) \to [0,1]$, wobei $\mathcal{P}(\Omega)$ die Potenzmenge von Ω darstellt,
- $W(\varnothing) = 0$, $W(\Omega) = 1$,
- Für jede Folge $\{A_i\}_{i\in\mathbb{N}}$ paarweise disjunkter Mengen mit $A_i \in \mathcal{P}(\Omega)$, $i \in \mathbb{N}$, gilt:

$$W\left(\bigcup_{i=1}^{\infty} A_i\right) = \sum_{i=1}^{\infty} W(A_i)\,.$$

Es zeigt sich nun als ein Ergebnis der Maßtheorie, dass für Ergebnismengen Ω mit überabzählbar vielen Elementen die obigen drei Forderungen an die Abbildung W nur eine sehr unpraktikable Menge von entsprechenden Abbildungen zulassen. Da man andererseits auf die letzten beiden Eigenschaften nicht verzichten will, bleibt nur die Möglichkeit, auf die Zuordnung einer Wahrscheinlichkeit zu **jeder** Teilmenge von Ω zu verzichten. Die Definitionsmenge $\mathcal{S} \subseteq \mathcal{P}(\Omega)$ einer Abbildung $\mathbb{P}$ mit

(P1) $\mathbb{P} : \mathcal{S} \to [0,1]$,
(P2) $\mathbb{P}(\varnothing) = 0, \mathbb{P}(\Omega) = 1$,
(P3) Für jede Folge $\{A_i\}_{i\in\mathbb{N}}$ paarweise disjunkter Mengen mit $A_i \in \mathcal{S}$, $i \in \mathbb{N}$, gilt:

$$\mathbb{P}\left(\bigcup_{i=1}^{\infty} A_i\right) = \sum_{i=1}^{\infty} \mathbb{P}(A_i)\,,$$

ist also so zu wählen, dass erstens neben $\Omega, \varnothing \in \mathcal{S}$ auch für jede Folge $\{A_i\}_{i\in\mathbb{N}}$ paarweise disjunkter Mengen mit $A_i \in \mathcal{S}$, $i \in \mathbb{N}$, gilt:

$$\bigcup_{i=1}^{\infty} A_i \in \mathcal{S},$$

dass zudem die Wahl von $\mathcal{S}$ eine vernünftige Auswahl an Abbildungen $\mathbb{P}$ zulässt und dass ferner in $\mathcal{S}$ alle Teilmengen von Ω enthalten sind, denen man auf alle Fälle eine Wahrscheinlichkeit zuordnen will. Ein Element aus $\mathcal{S}$ wird als **Ereignis** bezeichnet.

Diese Forderungen führen auf die Strukturmerkmale einer σ-Algebra über Ω:

Ein Mengensystem $\mathcal{S} \subseteq \mathcal{P}(\Omega)$ heißt σ-**Algebra** über Ω, falls die folgenden Axiome erfüllt sind:

(S1) $\Omega \in \mathcal{S}$,

(S2) Aus $A \in \mathcal{S}$ folgt $A^c := \Omega \setminus A \in \mathcal{S}$,

(S3) Aus $A_i \in \mathcal{S},\ i \in \mathbb{N}$, folgt $\bigcup_{i=1}^{\infty} A_i \in \mathcal{S}$.

Der große Vorteil in den Strukturmerkmalen einer σ-Algebra über Ω liegt nun nicht nur in der Verträglichkeit mit den Forderungen an die Abbildung $\mathbb{P}$, sondern in der Tatsache, dass der Schnitt zweier σ-Algebren über Ω wieder eine σ-Algebra über Ω ist. Hat man nun eine Wunschliste $\mathcal{E}$ von Teilmengen von Ω, denen man auf alle Fälle eine Wahrscheinlichkeit zuordnen will, so ist mit

$$\sigma(\mathcal{E}) := \bigcap_{\mathcal{F} \in \Sigma} \mathcal{F}$$

die kleinste σ-Algebra über Ω gegeben, die $\mathcal{E}$ enthält, wobei Σ die Menge aller σ-Algebren über Ω darstellt, die $\mathcal{E}$ enthalten. Zusammenfassend ist ein Wahrscheinlichkeitsraum gegeben durch die Ergebnismenge Ω, eine σ-Algebra $\mathcal{S}$ über Ω und ein **Wahrscheinlichkeitsmaß** $\mathbb{P}$, also eine Abbildung $\mathbb{P}$ definiert auf $\mathcal{S}$, die die obigen Bedingungen (P1)–(P3) erfüllt. Für den Fall $\Omega = \mathbb{R}^n$, $n \in \mathbb{N}$, hat sich die Wahl

$$\mathcal{E} = \{A \subseteq \mathbb{R}^n;\ A \text{ offen}\}$$

bewährt. Die σ-Algebra

$$\mathcal{B}^n := \sigma(\mathcal{E})$$

wird Borel'sche σ-Algebra über $\mathbb{R}^n$ genannt. Obwohl

$$\mathcal{B}^n \neq \mathcal{P}(\mathbb{R}^n),$$

sind in $\mathcal{B}^n$ alle relevanten Teilmengen des $\mathbb{R}^n$ (auch die abgeschlossenen und kompakten Teilmengen) enthalten. Ferner gibt es für alle Fragestellungen geeignete Wahrscheinlichkeitsmaße definiert auf $\mathcal{B}^n$. Ist Ω abzählbar, kann stets $\mathcal{S} = \mathcal{P}(\Omega)$ gewählt werden. Ein Tupel $(\Omega, \mathcal{S})$ bestehend aus einer nichtleeren Ergebnismenge Ω und einer σ-Algebra $\mathcal{S}$ über Ω wird als **Messraum** bezeichnet.

Kommen wir nun zu der Frage zurück, wie man die im Mittel zu erwartende Informationsmenge eines Zufallsexperiments gegeben durch einen Wahrscheinlichkeitsraum $(\Omega, \mathcal{S}, \mathbb{P})$ definieren sollte. Nach der bisherigen Vorgehensweise ist es naheliegend, dass diese im Mittel zu erwartende Informationsmenge nur von Wahrscheinlichkeiten abhängen wird. Es stellt sich also die Frage, welche Ereignisse (genauer: ihre Wahrscheinlichkeiten) einen Beitrag zur Berechnung der im Mittel zu erwartenden Informationsmenge eines Wahrscheinlichkeitsraumes $(\Omega, \mathcal{S}, \mathbb{P})$ leisten sollen. Betrachten wir dazu ein Beispiel.

Beispiel 2.2 Beim Fußballtoto wird ein Fußballspiel nach *Heimsieg* (codiert durch „1“), *Unentschieden* (codiert durch „0“) und *Auswärtssieg* (codiert durch „2“) bewertet. Gehen wir nun von einem speziellen Spiel aus, so gibt es also die möglichen Ergebnisse $\Omega = \{0,1,2\}$. Als Menge der Ereignisse $\mathcal{S}$ wählen wir die Potenzmenge $\mathcal{P}(\Omega)$ von Ω. Nehmen wir nun weiter an, dass durch die bisherigen Leistungen der beiden am Spiel beteiligten Vereine a priori folgende Wahrscheinlichkeiten naheliegend sind:

$$\mathbb{P}(\{0\}) = 0{,}2 \quad \mathbb{P}(\{1\}) = 0{,}5 \quad \mathbb{P}(\{2\}) = 0{,}3\,,$$

so ist das Wahrscheinlichkeitsmaß

$$\mathbb{P} : \mathcal{P}(\Omega) \to [0,1]\,, \quad E \mapsto \sum_{\omega \in E} \mathbb{P}(\{\omega\})$$

festgelegt. Eine Realisierung des Zufallsexperiments $(\Omega, \mathcal{S}, \mathbb{P})$ erhält man durch das Ergebnis des entsprechenden Spiels. Wir fragen nun, wieviel Information wir vor Beginn des Spiels durch die später einzutreffende Nachricht über das Spielergebnis erwarten. Betrachten wir zwei Möglichkeiten:

$$-\sum_{\omega \in \Omega} \mathbb{P}(\{\omega\}) \ln(\mathbb{P}(\{\omega\})) = -0{,}2\ln(0{,}2) - 0{,}5\ln(0{,}5) - 0{,}3\ln(0{,}3) \approx 1{,}03$$

und

$$-\sum_{E \in \mathcal{P}(\Omega)} \mathbb{P}(E) \ln(\mathbb{P}(E)) \approx 1{,}8\,,$$

wobei basierend auf Satz 2.1 gelten soll: $0 \cdot \ln(0) = 0$. Die zweite Summe besteht aus acht Summanden. Bei der ersten Variante wird jedes mögliche Spielergebnis (im Sinne von Heimsieg, unentschieden oder Auswärtssieg) durch genau ein berücksichtigtes Ereignis repräsentiert, während bei der zweiten Variante jedes mögliche Spielergebnis durch vier Ereignisse repräsentiert ist, nämlich „0“ durch die Ereignisse $\{0\}$, $\{0,1\}$, $\{0,2\}$ und Ω, „1“ durch die Ereignisse $\{1\}$, $\{0,1\}$, $\{1,2\}$ und Ω sowie „2“ durch die Ereignisse $\{2\}$, $\{0,2\}$, $\{1,2\}$ und Ω. Die Ereignisse $\varnothing$ und Ω liefern zur obigen Summe keinen Beitrag, da $\mathbb{P}(\varnothing) = 0$ und $\ln(\mathbb{P}(\Omega)) = 0$.

Da wir beim Eintreffen der Nachricht *unentschieden* die Informationsmenge $-\ln(0{,}2) \approx 1{,}61$, beim Eintreffen der Nachricht *Heimsieg* die Informationsmenge $-\ln(0{,}5) \approx 0{,}693$ und beim Eintreffen der Nachricht *Auswärtssieg* die Informationsmenge $-\ln(0{,}3) \approx 1{,}204$ erhalten, ist die oben angebotene zweite Variante mit einer im Mittel zu erwarteten Informationsmenge von 1,8 offensichtlich unbrauchbar; dies liegt an der mehrfachen Berücksichtigung möglicher Ergebnisse in entsprechenden Ereignissen. Die erste Variante scheint genau das widerzuspiegeln, was wir wollten. ◁

Wie das eben betrachtete Beispiel zeigt, sind bei der Auswahl der Ereignisse, deren Wahrscheinlichkeiten einen Beitrag zur im Mittel erwarteten Informationsmenge eines Zufallsexperiments $(\Omega, \mathcal{S}, \mathbb{P})$ liefern sollen, folgende Kriterien zu beachten:

- Die Ereignisse sind so zu wählen, dass dadurch jedes mögliche Ergebnis $\omega \in \Omega$ durch ein Ereignis repräsentiert ist (zu jedem $\omega \in \Omega$ muss es also ein Ereignis E in der Menge der gewählten Ereignisse geben mit $\omega \in E$).
- Jedes Ergebnis darf nur in genau einem ausgewählten Ereignis enthalten sein.

Diese Bedingungen legen folgende Definition nahe.

Definition 2.3 (Partition aus Ereignissen) Seien $(\Omega, \mathcal{S}, \mathbb{P})$ ein Wahrscheinlichkeitsraum und I eine nichtleere Menge mit $|I| \leq |\mathbb{N}|$ (also I mit endlich vielen oder höchstens abzählbar unendlich vielen Elementen), wobei $|M|$ stets die Mächtigkeit (Anzahl der Elemente) einer Menge M bezeichnet, dann heißt eine Menge

$$P_{\mathcal{S}} = \{E_i \in \mathcal{S};\ i \in I\}$$

eine Partition von Ω aus Ereignissen, falls gilt:

(i) $E_i \neq \emptyset$ für alle $i \in I$,
(ii) $E_i \cap E_j = \emptyset$ für alle $i, j \in I, i \neq j$,
(iii) $\bigcup_{i \in I} E_i = \Omega$.

◁

Nun könnte man versuchen, die im Mittel zu erwartende Informationsmenge eines Zufallsexperiments $(\Omega, \mathcal{S}, \mathbb{P})$ einfach durch eine Partition $P_{\mathcal{S}}$ aus Ereignissen vermöge

$$-\sum_{E \in P_{\mathcal{S}}} \mathbb{P}(E) \ln(\mathbb{P}(E))$$

festzulegen. Allerdings ist die Auswahl $P_{\mathcal{S}}$ aus der Menge aller Partitionen von Ω aus Ereignissen nicht eindeutig. Daher definiert man:

Definition 2.4 (Entropie) Seien $(\Omega, \mathcal{S}, \mathbb{P})$ ein Wahrscheinlichkeitsraum und $\Pi_{\mathcal{S}}$ die Menge aller Partitionen von Ω aus Ereignissen, dann wird die Größe

$$\mathcal{E}_{\mathbb{P}} := \sup_{P_{\mathcal{S}} \in \Pi_{\mathcal{S}}} \left\{ -\sum_{E \in P_{\mathcal{S}}} \mathbb{P}(E) \ln(\mathbb{P}(E)) \right\}$$

als mittlere zu erwartende Informationsmenge oder **Entropie** von $(\Omega, \mathcal{S}, \mathbb{P})$ bezeichnet und in der Einheit „nat" gemessen. Dabei wird wegen Satz 2.1 die Gleichung

$$0 \cdot \ln(0) = 0$$

verwendet. ◁

Bevor wir Beispiele angeben, führen wir den hilfreichen Begriff der Verfeinerung ein.

Satz und Definition 2.5 (Verfeinerung) Seien $(\Omega, \mathcal{S}, \mathbb{P})$ ein Wahrscheinlichkeitsraum, $\Pi_\mathcal{S}$ die Menge aller Partitionen von Ω aus Ereignissen und $P^1_\mathcal{S}, P^2_\mathcal{S} \in \Pi_\mathcal{S}$ derart, dass es zu jedem $E \in P^1_\mathcal{S}$ ein $F \in P^2_\mathcal{S}$ gibt mit $E \subseteq F$, so wird $P^1_\mathcal{S}$ als Verfeinerung von $P^2_\mathcal{S}$ bezeichnet. Ist nun $P^1_\mathcal{S}$ eine Verfeinerung von $P^2_\mathcal{S}$, so gilt:

$$-\sum_{E \in P^1_\mathcal{S}} \mathbb{P}(E)\ln(\mathbb{P}(E)) \geq -\sum_{F \in P^2_\mathcal{S}} \mathbb{P}(F)\ln(\mathbb{P}(F))$$

◁

Beweis Sei $F \in P^2_\mathcal{S}$, so gibt eine nichtleere Menge J mit $|J| \leq |\mathbb{N}|$ und Ereignisse $E_j \in P^1_\mathcal{S}$, $j \in J$, (paarweise disjunkt) mit

$$\bigcup_{j \in J} E_j = F.$$

Es gilt:

$$-\sum_{j \in J} \mathbb{P}(E_j)\ln(\mathbb{P}(E_j)) \geq -\sum_{j \in J} \mathbb{P}(E_j)\ln(\mathbb{P}(F)) = -\ln(\mathbb{P}(F))\sum_{j \in J} \mathbb{P}(E_j) =$$
$$= -\mathbb{P}(F)\ln(\mathbb{P}(F)).$$

Ist $|J| > 1$ und $\mathbb{P}(E_j) < \mathbb{P}(F)$ für mindestens ein $j \in J$, so gilt

$$-\sum_{j \in J} \mathbb{P}(E_j)\ln(\mathbb{P}(E_j)) > -\mathbb{P}(F)\ln(\mathbb{P}(F)).$$

q.e.d.

Beispiel 2.6 Sei $(\Omega, \mathcal{S}, \mathbb{P})$ ein Wahrscheinlichkeitsraum mit $|\Omega| \leq |\mathbb{N}|$ und $\mathcal{S} = \mathcal{P}(\Omega)$ (die Potenzmenge von Ω), dann ist das Wahrscheinlichkeitsmaß $\mathbb{P}$ gegeben durch

$$\mathbb{P} : \mathcal{P}(\Omega) \to [0,1], \quad E \mapsto \sum_{\omega \in E} \mathbb{P}(\{\omega\}).$$

Da nun die Partition

$$\{\{\omega\};\ \omega \in \Omega\}$$

aus Ereignissen eine Verfeinerung aller Partitionen aus Ereignissen ist, folgt für die Entropie:

$$\mathcal{E}_\mathbb{P} = -\sum_{\omega \in \Omega} \mathbb{P}(\{\omega\})\ln(\mathbb{P}(\{\omega\})).$$

◁

Im folgenden Satz untersuchen wir die maximale Entropie endlicher Messräume.

Satz 2.7 (maximale Entropie bei endlichen Ergebnismengen) Sei $(\Omega, \mathcal{S})$ ein Messraum mit $|\Omega| = k \in \mathbb{N}$ und $\mathcal{S} = \mathcal{P}(\Omega)$, dann gilt für jedes Wahrscheinlichkeitsmaß $\mathbb{P}$ auf $\mathcal{P}(\Omega)$:

$$\mathcal{E}_{\mathbb{P}} \leq \ln(k)\,.$$

Gleichheit gilt genau dann, wenn

$$\mathbb{P}(\{\omega\}) = \frac{1}{k} \quad \text{für alle} \quad \omega \in \Omega\,.$$

◁

Beweis Betrachtet man die Funktion

$$f : [0,1] \to \mathbb{R}, \qquad x \mapsto \begin{cases} 0 & \text{falls} \quad x = 0 \\ x\ln(x) & \text{falls} \quad x \neq 0 \end{cases},$$

so ist f strikt konvex. Mit der Ungleichung von Jensen folgt:

$$f\left(\frac{1}{k}\sum_{i=1}^{k} x_k\right) \leq \frac{1}{k}\sum_{i=1}^{k} f(x_k)\,, \qquad x_1, \ldots, x_k \in [0,1]\,,$$

wobei Gleichheit genau dann gilt, wenn $x_1 = x_2 = \ldots = x_k$.

Mit

$$\Omega = \{\omega_1, \ldots, \omega_k\}$$

setzen wir nun

$$x_i = \mathbb{P}(\{\omega_i\})\,, \qquad i = 1, \ldots, k$$

und erhalten

$$\frac{1}{k}\ln\left(\frac{1}{k}\right) \leq \frac{1}{k}\sum_{i=1}^{k} \mathbb{P}(\{\omega_i\})\ln(\mathbb{P}(\{\omega_i\}))$$

bzw.

$$\ln(k) \geq -\sum_{i=1}^{k} \mathbb{P}(\{\omega_i\})\ln(\mathbb{P}(\{\omega_i\}))\,,$$

wobei Gleichheit genau dann gilt, wenn

$$\mathbb{P}(\{\omega_i\}) = \frac{1}{k}\,, \qquad i = 1, \ldots, k\,.$$

q.e.d.

Aus Satz 2.7 folgt sofort, dass es zu jedem Ω mit $|\Omega| = \infty$ und zu jedem $N \in \mathbb{N}$ eine σ-Algebra $\mathcal{S}$ über Ω und ein Wahrscheinlichkeitsmaß $\mathbb{P}$ auf $\mathcal{S}$ gibt mit

$$\mathcal{E}_{\mathbb{P}} = N .$$

Dazu wählt man e^N Elemente

$$\omega_1, \omega_2, \dots, \omega_{e^N} \in \Omega$$

aus, betrachtet die von den entsprechenden Elementarereignissen erzeugte σ-Algebra

$$\mathcal{S} = \sigma(\{\omega_1\}, \{\omega_2\}, \dots, \{\omega_{e^N}\})$$

und verwendet das durch

$$\mathbb{P}(\{\omega_i\}) = \frac{1}{e^N}, \quad i = 1, \dots, e^N$$

gegebene Wahrscheinlichkeitsmaß auf $\mathcal{S}$.

Betrachten wir nun für $n \in \mathbb{N}$ den Messraum $(\mathbb{R}^n, \mathcal{B}^n)$ und eine nichtnegative stetige Funktion $g : \mathbb{R}^n \to \mathbb{R}_0^+$ mit

$$\int_{\mathbb{R}^n} g(\boldsymbol{x}) \, \mathrm{d}\boldsymbol{x} = 1 ,$$

so ist durch g ein Wahrscheinlichkeitsmaß $\mathbb{P}_g$ auf $\mathcal{B}^n$ gegeben, wie nachfolgend erklärt. Die Funktion g wird als **Lebesgue-Dichte** (bzw. **Dichtefunktion** oder nur **Dichte**) von $\mathbb{P}_g$ bezeichnet. Alle in der Praxis wichtigen Wahrscheinlichkeitsmaße auf $\mathcal{B}^n$ können durch Lebesgue-Dichten repräsentiert werden. Die entsprechenden Wahrscheinlichkeiten werden durch Lebesgue-Integration berechnet. Für Mengen $A \in \mathcal{B}^n$, für die das Riemann-Integral definiert ist, gilt:

$$\mathbb{P}_g(A) = \int_A g(\boldsymbol{x}) \, \mathrm{d}\boldsymbol{x} ,$$

was für unsere Zwecke völlig genügt. Untersuchen wir nun die Entropie von $(\mathbb{R}^n, \mathcal{B}^n, \mathbb{P}_g)$: Zu $m \in \mathbb{N}$, $m > 1$, gibt es Intervalle

$$I_1 = (-\infty, \xi_1] , \ I_2 = (\xi_1, \xi_2], \dots, I_m = (\xi_{m-1}, \infty)$$

mit

$$\int_{I_j \times \mathbb{R}^{n-1}} g(\boldsymbol{x}) \, \mathrm{d}\boldsymbol{x} = \int_{I_j} \int_{-\infty}^{\infty} \cdots \int_{-\infty}^{\infty} g(\boldsymbol{x}) \, \mathrm{d}\boldsymbol{x} = \frac{1}{m}, \quad j = 1, \dots, m .$$

Wegen

$$-\sum_{j=1}^{m} \mathbb{P}_g(I_j \times \mathbb{R}^{n-1}) \ln(\mathbb{P}_g(I_j \times \mathbb{R}^{n-1})) = \ln(m)$$

gilt

$$\mathcal{E}_{\mathbb{P}_g} \geq \ln(m) \quad \text{für jedes} \quad m \in \mathbb{N}$$

und somit

$$\mathcal{E}_{\mathbb{P}_g} = \infty .$$

In diesem Zusammenhang ist die **differentielle Entropie** von Interesse:

Sei g die stetige Lebesgue-Dichte von $\mathbb{P}_g : \mathcal{B}^n \to [0,1]$, so wird

$$-\int_{\mathbb{R}^n} g(\boldsymbol{x}) \ln(g(\boldsymbol{x}))\, \mathrm{d}\boldsymbol{x}$$

als **differentielle Entropie** des Wahrscheinlichkeitsraumes $(\mathbb{R}^n, \mathcal{B}^n, \mathbb{P}_g)$ bezeichnet.

In der Wahrscheinlichkeitstheorie betrachtet man basierend auf einem Wahrscheinlichkeitsraum $(\Omega, \mathcal{S}, \mathbb{P})$ und einem Messraum $(\Omega', \mathcal{S}')$ **Zufallsvariable**

$$\boldsymbol{X} : \Omega \to \Omega' ,$$

also Abbildungen derart, dass gilt:

$$\boldsymbol{X}^{-1}(A') \in \mathcal{S} \quad \text{für alle} \quad A' \in \mathcal{S}' .$$

Diese Eigenschaft wird als **$\mathcal{S}$-$\mathcal{S}'$-Messbarkeit** bezeichnet. Eine Zufallsvariable dient dazu, gewisse Teilaspekte eines Zufallsexperiments gegeben durch $(\Omega, \mathcal{S}, \mathbb{P})$ hervorzuheben und unwichtige Teilaspekte auszublenden. Betrachten wir dazu als Beispiel das Werfen zweier unterscheidbarer Würfel modelliert durch

- $\Omega = \{(1,1), \ldots, (1,6), (2,1) \ldots, (2,6), \ldots, (6,6)\}$,
- $\mathcal{S} = \mathcal{P}(\Omega)$ (Potenzmenge von Ω),
- $\mathbb{P} : \mathcal{P}(\Omega) \to [0,1], \quad D \mapsto \frac{|D|}{36}$.

Mit einem Messraum $(\{2,3,\ldots,12\}, \mathcal{P}(\{2,3,\ldots,12\}))$ kann man nun die Zufallsvariable

$$\boldsymbol{X} : \Omega \to \{2,3,\ldots,12\} , \quad (i,j) \mapsto i+j$$

untersuchen. Durch das sogenannte Bildmaß

$$\mathbb{P}_X : \mathcal{P}(\{2,3,\ldots,12\}) \to [0,1], \quad D' \mapsto \mathbb{P}(\{(i,j) \in \Omega;\ i+j \in D'\})$$

erhält man einen neuen Wahrscheinlichkeitsraum

$$(\{2,3,\ldots,12\}, \mathcal{P}(\{2,3,\ldots,12\}), \mathbb{P}_X).$$

Die Zufallsvariable $\boldsymbol{X}$ hebt somit den Aspekt „Summe der Augenzahlen beider Würfel" hervor und blendet alles andere aus. Intuitiv erwartet man, dass beim Übergang von $(\Omega, \mathcal{S}, \mathbb{P})$ zu $(\{2,3,\ldots,12\}, \mathcal{P}(\{2,3,\ldots,12\}), \mathbb{P}_X)$ keine zusätzliche Information gewonnen wird, sondern eher Information verloren geht, was durch

$$3{,}58 \approx \ln(36) = \mathcal{E}_{\mathbb{P}} > 2{,}27 \approx \mathcal{E}_{\mathbb{P}_X}$$

bestätigt wird. Dies gilt allgemein:

Satz 2.8 (Entropie und Zufallsvariable) Seien $(\Omega, \mathcal{S}, \mathbb{P})$ ein Wahrscheinlichkeitsraum, $(\Omega', \mathcal{S}')$ ein Messraum,

$$\boldsymbol{X} : \Omega \to \Omega'$$

eine Zufallsvariable und

$$\mathbb{P}_X : \mathcal{S}' \to [0,1], \quad A' \mapsto \mathbb{P}(\{\omega \in \Omega;\ \boldsymbol{X}(\omega) \in A'\})$$

das **Bildmaß** von $\boldsymbol{X}$, das auch als **Verteilung** von $\boldsymbol{X}$ bezeichnet wird, so gilt:

$$\mathcal{E}_{\mathbb{P}} \geq \mathcal{E}_{\mathbb{P}_X}.$$

◁

Beweis Sei Π' eine Partition von Ω' aus Ereignissen, so gilt:

$$-\sum_{E' \in \Pi'} \mathbb{P}_X(E') \ln(\mathbb{P}_X(E')) = -\sum_{E \in \{\boldsymbol{X}^{-1}(E');\ E' \in \Pi'\}} \mathbb{P}(E) \ln(\mathbb{P}(E)).$$

Da $\{\boldsymbol{X}^{-1}(E');\ E' \in \Pi'\}$ eine Partition von Ω aus Ereignissen ist, folgt

$$\mathcal{E}_{\mathbb{P}} \geq \mathcal{E}_{\mathbb{P}_X}.$$

q.e.d.

Das thermodynamische Paradigma des Informationsflusses

3

3.1 Maximale Entropie in abgeschlossenen Systemen

Betrachten wir im Folgenden einen Hohlkörper mit vorgegebenem Volumen und einer festen Anzahl N von Molekülen. Dieses thermodynamische System denken wir uns als abgeschlossen; es findet also keinerlei Wechselwirkung mit der Umgebung des Hohlraumes statt. Jedes Molekül in diesem Raum besitzt eine Energie (die sogenannte **innere Energie**), die durch seine mechanischen Eigenschaften (Masse, Geschwindigkeit) gegeben ist. Durch Kollision zweier Moleküle kann ein Austausch innerer Energie stattfinden. Die Summe E der inneren Energie aller Moleküle (und damit die mittlere Energie E/N pro Molekül) bleibt allerdings konstant, da das System abgeschlossen ist. Jedes Molekül kann zudem nur eine endliche Anzahl $E_1, \ldots, E_m$ verschiedener innerer Energieniveaus annehmen. Nach den Hauptsätzen der Thermodynamik findet nun so lange ein Austausch innerer Energie zwischen den Molekülen statt, bis ein Gleichgewichtszustand erreicht ist. Sei p_i die Wahrscheinlichkeit dafür, dass ein Molekül das innere Energieniveau E_i, $i = 1, \ldots, m$, annimmt, so kann die Entropie

$$-\sum_{i=1}^{m} p_i \ln(p_i)$$

(wobei wieder $0 \cdot \ln(0) = 0$ gelten soll) unter der Bedingung

$$\sum_{i=1}^{m} p_i E_i = \frac{E}{N} \quad \text{(konstante mittlere Energie } E/N \text{ pro Molekül)}$$

untersucht werden. Der Gleichgewichtszustand ist nun dadurch charakterisiert, dass eine Wahrscheinlichkeitsverteilung auf den verschiedenen Energieniveaus $E_1, \ldots, E_m$ erreicht wird, die die obige Entropie unter Festlegung der mittleren Energie E/N pro Molekül maximiert. Die Natur, die diesen Gleichgewichtszustand herbeiführt, löst somit das folgende

S. Schäffler, *Globale Optimierung*, Mathematik im Fokus, DOI 10.1007/978-3-642-41767-2_3,

Maximierungsproblem:

$$\max_{p_1,\dots,p_m} \left\{ -\sum_{i=1}^{m} p_i \ln(p_i) ; \quad p_i \geq 0 , \; i = 1, \dots, m, \right.$$

$$\sum_{i=1}^{m} p_i = 1 ,$$

$$\left. \sum_{i=1}^{m} p_i E_i = \frac{E}{N} \right\} .$$

Da die zu maximierende Funktion stetig und strikt konkav ist und da der zulässige Bereich

$$R = \left\{ p_i \geq 0, \; i = 1, \dots, m , \right.$$

$$\left. \sum_{i=1}^{m} p_i = 1 , \; \sum_{i=1}^{m} p_i E_i = \frac{E}{N} \right\}$$

für

$$\min\{E_1, \dots, E_m\} \leq \frac{E}{N} \leq \max\{E_1, \dots, E_m\}$$

(eine andere Wahl von E hat physikalisch keinen Sinn) eine nichtleere, kompakte und konvexe Menge darstellt, gibt es immer einen eindeutigen Gleichgewichtszustand, der für

$$\min\{E_1, \dots, E_m\} < \frac{E}{N} < \max\{E_1, \dots, E_m\}$$

durch

$$p_i = \frac{\exp(\alpha E_i)}{\sum\limits_{i=1}^{m} \exp(\alpha E_i)} , \qquad i = 1, \dots, m ,$$

gegeben ist, wobei α gleich dem Lagrange-Multiplikator zur Nebenbedingung

$$\sum_{i=1}^{m} p_i E_i = \frac{E}{N}$$

ist.

Ist $E_k = \min\{E_1, \dots, E_m\}$ und wird $\frac{E}{N} = E_k$ festgelegt, so erhält man den Gleichgewichtspunkt

$$p_i = 0 , \quad i \neq k , \quad p_k = 1 .$$

Dies entspricht

$$p_i = \lim_{\alpha \to -\infty} \frac{\exp(\alpha E_i)}{\sum\limits_{i=1}^{m} \exp(\alpha E_i)}, \qquad i = 1, \ldots, m.$$

Ist nun $E_j = \max\{E_1, \ldots, E_m\}$ und wird $\frac{E}{N} = E_j$ festgelegt, so erhält man den Gleichgewichtspunkt

$$p_i = 0, \quad i \neq j, \quad p_j = 1.$$

Dies entspricht

$$p_i = \lim_{\alpha \to \infty} \frac{\exp(\alpha E_i)}{\sum\limits_{i=1}^{m} \exp(\alpha E_i)}, \qquad i = 1, \ldots, m.$$

Der Gleichgewichtspunkt eines abgeschlossenen thermodynamischen Systems mit den inneren Energieniveaus $E_1, \ldots, E_m$ und der Gesamtenergie E ist also dann erreicht, wenn die mittlere Informationsmenge, die man erhält, wenn man das Energieniveau eines rein zufällig ausgewählten Moleküls betrachtet, maximal wird.

Der zweite Hauptsatz der Thermodynamik besagt nun, dass die Natur die Maximierung der Entropie „monoton" in der Zeit durchführt, dass also die Entropie während des Austausches innerer Energie zwischen den Molekülen nie abnehmen kann. Informationstheoretisch betrachtet findet also ein monoton steigender Informationsfluss statt.

Dieses Verhalten der Natur werden wir nun auf überabzählbar viele Energieniveaus abstrahieren und im folgenden Abschnitt zeigen, wie diese Abstraktion auf dem Rechner simuliert werden kann. Dies liefert den theoretischen Schlüssel zu den im zweiten Teil zu behandelnden Verfahren der globalen Optimierung.

Sei $f : \mathbb{R}^n \to \mathbb{R}$ eine stetige Funktion. In Hinsicht auf die globale Optimierung (genauer: globale Minimierung) besitze f eine globale Minimalstelle; es existiert also ein Punkt $\boldsymbol{x}_{\text{gl}}$ mit:

$$f(\boldsymbol{x}) \geq f(\boldsymbol{x}_{\text{gl}}) \quad \text{für alle} \quad \boldsymbol{x} \in \mathbb{R}^n.$$

Ferner nehmen wir an, dass es zu $\bar{E} > f(\boldsymbol{x}_{\text{gl}})$ ein $\alpha \in \mathbb{R}$ gibt mit

$$\int_{\mathbb{R}^n} \exp(\alpha f(\boldsymbol{x}))\, \mathrm{d}\boldsymbol{x} < \infty$$

und

$$\int_{\mathbb{R}^n} f(\boldsymbol{x}) \frac{\exp(\alpha f(\boldsymbol{x}))}{\int_{\mathbb{R}^n} \exp(\alpha f(\boldsymbol{x}))\, \mathrm{d}\boldsymbol{x}}\, \mathrm{d}\boldsymbol{x} = \bar{E}.$$

Offensichtlich sind diese Bedingungen nur durch $\alpha < 0$ erfüllbar. Wir werden später auf diese Bedingungen für f zurückkommen.

Die Definitionsmenge $\mathbb{R}^n$ von f ist das Analogon zur Menge $\{1, \ldots, m\}$ im oben diskutierten diskreten Fall. Die Funktionswerte von f repräsentieren die inneren Energieniveaus. Als mögliche Wahrscheinlichkeitsmaße auf $\mathcal{B}^n$ lassen wir nur Wahrscheinlichkeitsmaße $\mathbb{P}_g$ gegeben durch eine Lebesgue-Dichte

$$g \in \mathbb{D}^n := \left\{ h : \mathbb{R}^n \to \mathbb{R}_0^+;\ h \text{ ist stetig und } \int\limits_{\mathbb{R}^n} h(\boldsymbol{x})\, \mathrm{d}\boldsymbol{x} = 1 \right\}$$

zu. Die Festlegung der Durchschnittsenergie

$$\sum_{i=1}^{m} p_i E_i = \frac{E}{N}$$

im diskreten Fall wird nun durch die Bedingung

$$\int\limits_{\mathbb{R}^n} f(\boldsymbol{x}) g(\boldsymbol{x})\, \mathrm{d}\boldsymbol{x} = \bar{E}$$

formuliert. Die Entropie im diskreten Fall wird durch die differentielle Entropie

$$-\int\limits_{\mathbb{R}^n} g(\boldsymbol{x}) \ln(g(\boldsymbol{x}))\, \mathrm{d}\boldsymbol{x}$$

(wieder mit $0 \cdot \ln(0) = 0$) ersetzt. Es ergibt sich somit das Maximierungsproblem

$$\max_{g \in \mathbb{D}^n} \left\{ -\int\limits_{\mathbb{R}^n} g(\boldsymbol{x}) \ln(g(\boldsymbol{x}))\, \mathrm{d}\boldsymbol{x};\ \int\limits_{\mathbb{R}^n} f(\boldsymbol{x}) g(\boldsymbol{x})\, \mathrm{d}\boldsymbol{x} = \bar{E} \right\},$$

das wegen

$$\int\limits_{\mathbb{R}^n} \exp(\alpha f(\boldsymbol{x}))\, \mathrm{d}\boldsymbol{x} < \infty$$

und

$$\int\limits_{\mathbb{R}^n} f(\boldsymbol{x}) \frac{\exp(\alpha f(\boldsymbol{x}))}{\int\limits_{\mathbb{R}^n} \exp(\alpha f(\boldsymbol{x}))\, \mathrm{d}\boldsymbol{x}}\, \mathrm{d}\boldsymbol{x} = \bar{E}$$

wie im diskreten Fall eine eindeutige Lösung

$$g : \mathbb{R}^n \to \mathbb{R}_0^+, \quad \boldsymbol{x} \mapsto \frac{\exp(\alpha f(\boldsymbol{x}))}{\int\limits_{\mathbb{R}^n} \exp(\alpha f(\boldsymbol{x}))\, \mathrm{d}\boldsymbol{x}}, \quad \alpha < 0,$$

besitzt (der Beweis wird im Rahmen der Variationsrechnung geführt).

Beispiel 3.1 Seien $n = 1$ und $f : \mathbb{R} \to \mathbb{R}$, $x \mapsto x^2$; sei ferner $\bar{E} = \sigma^2$, so ist die eindeutige Lösung des Maximierungsproblems

$$\max_{g \in \mathbb{D}} \left\{ -\int_{-\infty}^{\infty} g(x) \ln(g(x))\, \mathrm{d}x;\ \int_{-\infty}^{\infty} x^2 g(x)\, \mathrm{d}x = \sigma^2 \right\}$$

gegeben durch die Dichte der $\mathcal{N}(0, \sigma^2)$-Normalverteilung $\left(\alpha = -\frac{1}{2\sigma^2}\right)$. ◁

Allgemein heißt basierend auf einem Wahrscheinlichkeitsraum $(\Omega, \mathcal{S}, \mathbb{P})$ eine Zufallsvariable

$$X : \Omega \to \mathbb{R}$$

für $\mu \in \mathbb{R}$ und $\sigma^2 > 0$ $\mathcal{N}(\mu, \sigma^2)$-normalverteilt, falls die Verteilung von X durch die Dichtefunktion

$$d : \mathbb{R} \to \mathbb{R}_0^+, \ x \mapsto \frac{1}{\sqrt{2\pi\sigma^2}} e^{-\frac{(x-\mu)^2}{2\sigma^2}}$$

gegeben ist. Die reelle Zahl μ wird dabei als Erwartungswert von X bezeichnet, während σ^2 als Varianz von X bezeichnet wird. Für die globale Minimierung einer Zielfunktion $f : \mathbb{R}^n \to \mathbb{R}$ ist es nun nicht sinnvoll, den Wert $\bar{E}$ direkt festzulegen, sondern ein $\hat{\alpha} < 0$ mit

$$\int_{\mathbb{R}^n} \exp(\hat{\alpha} f(\boldsymbol{x}))\, \mathrm{d}\boldsymbol{x} < \infty$$

zu wählen und damit implizit $\bar{E}(\hat{\alpha})$ durch

$$\bar{E}(\hat{\alpha}) = \int_{\mathbb{R}^n} f(\boldsymbol{x}) \frac{\exp(\hat{\alpha} f(\boldsymbol{x}))}{\int_{\mathbb{R}^n} \exp(\hat{\alpha} f(\boldsymbol{x}))\, \mathrm{d}\boldsymbol{x}}\, \mathrm{d}\boldsymbol{x}$$

zu bestimmen. Der für die globale Minimierung von f entscheidende Zusammenhang zwischen f und der Funktion

$$g_f : \mathbb{R}^n \to \mathbb{R}, \quad \boldsymbol{x} \mapsto \frac{\exp(\hat{\alpha} f(\boldsymbol{x}))}{\int_{\mathbb{R}^n} \exp(\hat{\alpha} f(\boldsymbol{x}))\, \mathrm{d}\boldsymbol{x}}$$

sei an folgendem Beispiel verdeutlicht, wobei g_f die eindeutige globale Maximalstelle von

$$\max_{g \in \mathbb{D}^n} \left\{ -\int_{\mathbb{R}^n} g(\boldsymbol{x}) \ln(g(\boldsymbol{x}))\, \mathrm{d}\boldsymbol{x};\ \int_{\mathbb{R}^n} f(\boldsymbol{x}) g(\boldsymbol{x})\, \mathrm{d}\boldsymbol{x} = \bar{E}(\hat{\alpha}) \right\},$$

darstellt.

Abb. 3.1 Beispiel 3.2, Zielfunktion f

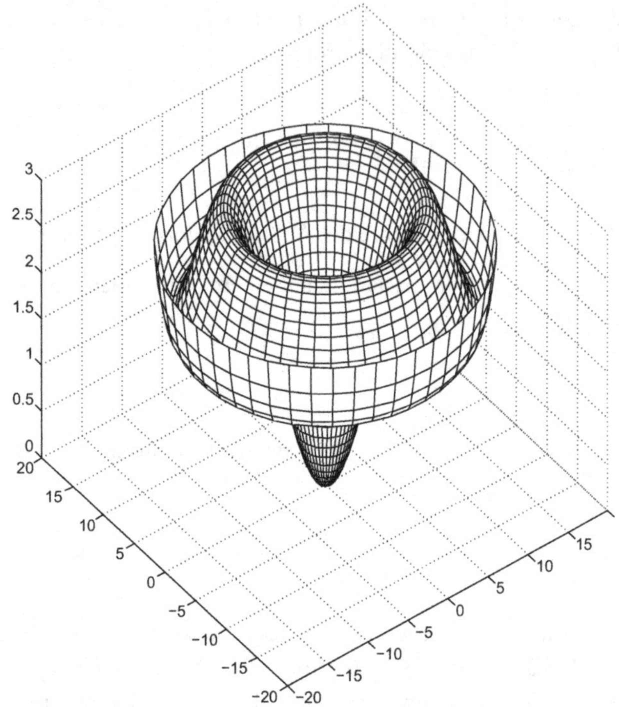

Beispiel 3.2 Seien

$$f : \mathbb{R}^2 \to \mathbb{R},\ \boldsymbol{x} \mapsto \left(0{,}01 \cdot \|\boldsymbol{x}\|_2^2\right)^3 - 5 \cdot \left(0{,}01 \cdot \|\boldsymbol{x}\|_2^2\right)^2 + 0{,}07 \cdot \|\boldsymbol{x}\|_2^2$$

(siehe Abb. 3.1) und $\hat{\alpha} = -1$, so ist die eindeutige Lösung des Maximierungsproblems

$$\max_{g \in \mathbb{D}^2} \left\{ - \int_{\mathbb{R}^2} g(\boldsymbol{x}) \ln(g(\boldsymbol{x}))\, \mathrm{d}\boldsymbol{x};\ \int_{\mathbb{R}^2} f(\boldsymbol{x}) g(\boldsymbol{x})\, \mathrm{d}\boldsymbol{x} = \bar{E}(-1) \right\}$$

gegeben durch die Dichte

$$g_f : \mathbb{R}^2 \to \mathbb{R},\ \boldsymbol{x} \mapsto \frac{\exp(-f(\boldsymbol{x}))}{\int_{\mathbb{R}^2} \exp(-f(\boldsymbol{x}))\, \mathrm{d}\boldsymbol{x}} \quad \text{(siehe Abb. 3.2).}$$

◁

Vergleicht man eine zu minimierende Zielfunktion f mit einer entsprechenden Dichtefunktion

$$g_f : \mathbb{R}^n \to \mathbb{R},\ \boldsymbol{x} \mapsto \frac{\exp(\hat{\alpha} f(\boldsymbol{x}))}{\int_{\mathbb{R}^n} \exp(\hat{\alpha} f(\boldsymbol{x}))\, \mathrm{d}\boldsymbol{x}}, \quad \hat{\alpha} < 0,$$

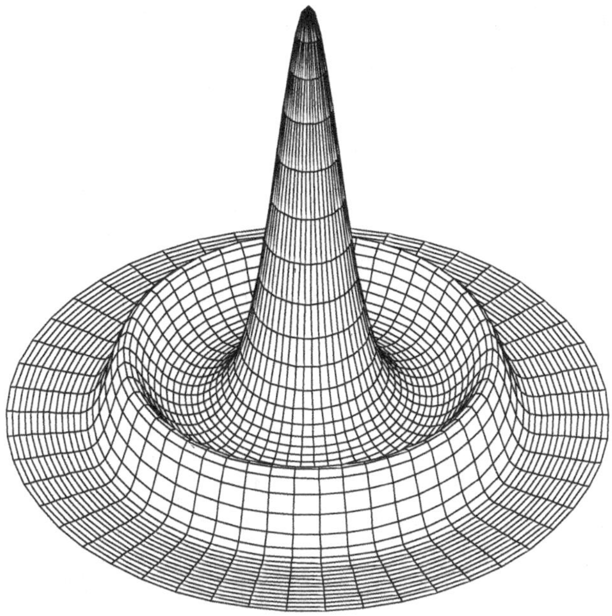

Abb. 3.2 Beispiel 3.2, Dichte g_f

so zeigt sich, dass die Dichte g_f gerade an den Stellen ein globales Maximum besitzt, an denen die Zielfunktion ihre kleinsten Funktionswerte annimmt. Könnte man also Pseudozufallszahlen erzeugen, die gemäß $\mathbb{P}_{g_f}$ verteilt sind, so hätte man gute Chancen, in eine Umgebung einer globalen Minimalstelle von f zu gelangen, um von dort aus durch lokale Minimierungsverfahren eine globale Minimalstelle von f zu berechnen.

Fassen wir die geplante Vorgehensweise zusammen:

(i) Es werden nur globale Minimierungsprobleme betrachtet, da sich globale Maximierungsprobleme stets als globale Minimierungsprobleme formulieren lassen (Multiplikation der Zielfunktion mit (-1)).

(ii) Ziel der zu entwickelnden Algorithmen ist es nicht, eine globale Minimalstelle auf eine vorgegebene Genauigkeit zu berechnen, sondern geeignete Startpunkte für lokale Minimierungsverfahren zu berechnen, die dann hinreichend genau globale Minimalstellen liefern.

(iii) Um in eine geeignete Umgebung einer globalen Minimalstelle von f zu kommen, werden Pseudozufallszahlen berechnet, die als Realisierung einer Zufallsvariablen interpretiert werden können, deren Verteilung durch die Dichte

$$g_f : \mathbb{R}^n \to \mathbb{R}, \; \boldsymbol{x} \mapsto \frac{\exp(\hat{\alpha} f(\boldsymbol{x}))}{\int\limits_{\mathbb{R}^n} \exp(\hat{\alpha} f(\boldsymbol{x}))\,\mathrm{d}\boldsymbol{x}}, \quad \hat{\alpha} < 0,$$

gegeben ist, wobei f die zu minimierende Zielfunktion darstellt.

Abb. 3.3 Beispiel 3.3, Funktion f_1

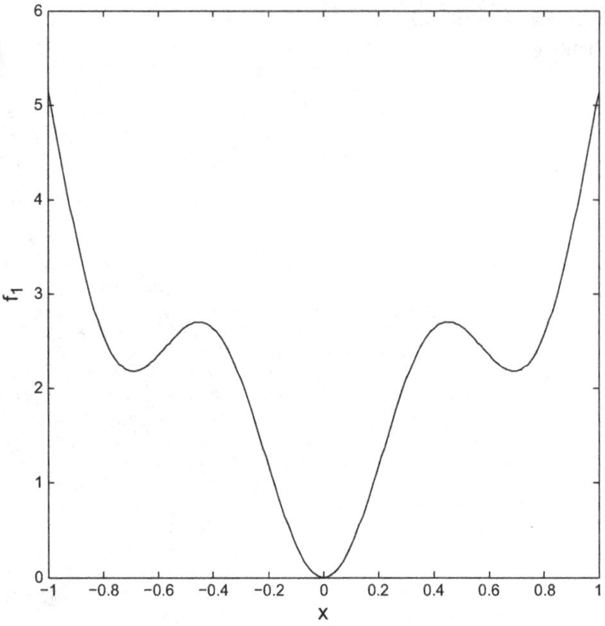

(iv) Die Berechnung dieser Pseudozufallszahlen soll dadurch ermöglicht werden, dass im Rechner der Weg in verallgemeinerter Form simuliert wird, den die Natur im oben skizzierten diskreten Fall wählt, um einen Gleichgewichtszustand zu erreichen.

Beispiel 3.3 Seien $n \in \mathbb{N}$ und die Funktion

$$f_n : [-1,1]^n \to \mathbb{R}, \quad \boldsymbol{x} \mapsto \sum_{i=1}^{n} (4x_i^2 - \cos(8x_i) + 1)$$

gegeben. Jede Funktion f_n besitzt 3^n isolierte Minimalstellen mit der globalen Minimalstelle bei $\boldsymbol{x} = \boldsymbol{0}$.

Ideale Startpunkte, um durch lokale Minimierungsverfahren an die globale Minimalstelle zu gelangen, liegen im Gebiet $[-0{,}4, 0{,}4]^n$.

Wählt man nun auf $[-1,1]^n$ gleichverteilte Pseudozufallszahlen, so trifft man mit Wahrscheinlichkeit $0{,}4^n$ in besagtes Gebiet. Verwendet man Pseudozufallszahlen gemäß einer Verteilung, die durch die Dichte

$$g_{f_n} : [-1,1]^n \to \mathbb{R}, \boldsymbol{x} \mapsto \frac{\exp(-f_n(\boldsymbol{x}))}{\int\limits_{[-1,1]^n} \exp(-f_n(\boldsymbol{x}))\, \mathrm{d}\boldsymbol{x}} \qquad (\hat{\alpha} = -1)$$

gegeben ist, so trifft man mit einer Wahrscheinlichkeit von etwa

$$0{,}8^n \; (= 2^n \cdot 0{,}4^n)$$

in besagtes Gebiet.

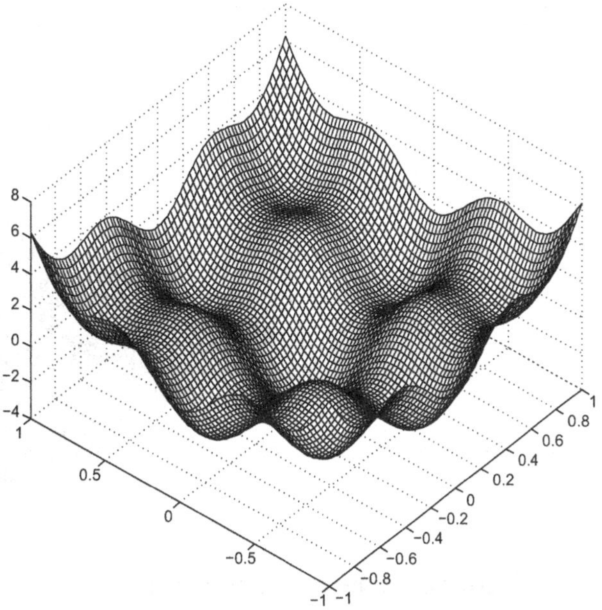

Abb. 3.4 Beispiel 3.3, Funktion f_2

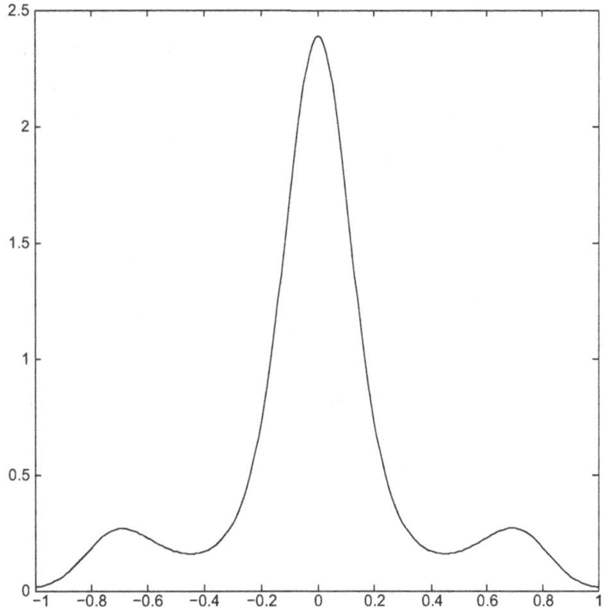

Abb. 3.5 Beispiel 3.3, Dichte g_{f_1}

Die Verwendung der Verteilung gegeben durch g_{f_n} erhöht also die Trefferwahrscheinlichkeit im Vergleich zur reinen Zufallssuche um den Faktor 2^n. $\triangleleft$

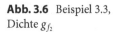

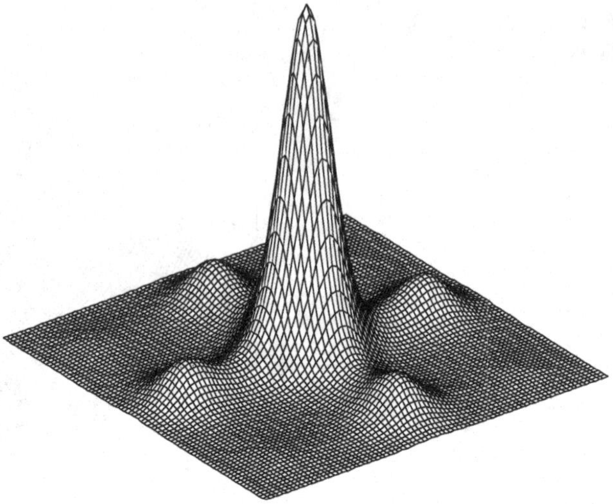

Abb. 3.6 Beispiel 3.3, Dichte g_{f_2}

3.2 Mathematische Modellierung

Aus den Hauptsätzen der Thermodynamik folgt, dass die Natur in einem abgeschlossenen System mit einer festen Anzahl N von Molekülen und mit mittlerer innerer Energie E/N pro Molekül einen Gleichgewichtszustand durch Lösung des Maximierungsproblems:

$$\max_{p_1,\dots,p_m} \left\{ -\sum_{i=1}^{m} p_i \ln(p_i); \quad p_i \geq 0, \quad i = 1, \dots, m, \quad \sum_{i=1}^{m} p_i = 1, \quad \sum_{i=1}^{m} p_i E_i = \frac{E}{N} \right\}.$$

herstellt. Dieser Naturprozess soll nun im Rechner für die Abstraktion auf überabzählbar viele Energieniveaus $f(\boldsymbol{x})$, $\boldsymbol{x} \in \mathbb{R}^n$, simuliert werden. Dadurch soll es möglich werden, Pseudozufallszahlen auf dem Rechner zu erzeugen, deren Verteilung durch die Dichte

$$g_f : \mathbb{R}^n \to \mathbb{R}; \quad \boldsymbol{x} \mapsto \frac{\exp(\hat{\alpha} f(\boldsymbol{x}))}{\int_{\mathbb{R}^n} \exp(\hat{\alpha} f(\boldsymbol{x}))\, d\boldsymbol{x}}$$

mit den oben genannten Vorteilen repräsentiert wird.

Um dieses Ziel zu erreichen, benötigen wir einige Vorbereitungen. Zunächst betrachten wir für $n \in \mathbb{N}$ die Menge

$$\Omega^n := \{\varphi : [0,\infty) \to \mathbb{R}^n\,; \varphi \text{ ist auf } (0,\infty) \text{ stetig und in } t = 0 \text{ stetig von rechts}\}.$$

Auf Ω^n definieren wir nun einen Abstand (Metrik) zwischen zwei Funktionen φ_1, φ_2 durch

$$d : \Omega^n \times \Omega^n \to \mathbb{R}_0^+, \quad (\varphi_1, \varphi_2) \mapsto \sum_{k=1}^{\infty} \frac{1}{2^k} \max_{0 \le t \le k} \{\min\{\|\varphi_1(t) - \varphi_2(t)\|_2, 1\}\}.$$

Dank dieser Metrik können wir von offenen Teilmengen in Ω^n sprechen und wie im Fall $\Omega = \mathbb{R}^n$ die kleinste σ-Algebra $\mathcal{B}(\Omega^n)$ betrachten, die von den offenen Teilmengen in Ω^n erzeugt wird. Um nun ein spezielles Wahrscheinlichkeitsmaß $\mathbb{P}_W$ (das sogenannte **Wiener-Maß**) auf $\mathcal{B}(\Omega^n)$ auszuzeichnen, betrachten wir die Abbildungen

$$\boldsymbol{B}_t : \Omega^n \to \mathbb{R}^n, \quad \varphi \mapsto \varphi(t), \quad t \in [0, \infty).$$

Jede Abbildung $\boldsymbol{B}_t$, $t \ge 0$, ist $\mathcal{B}(\Omega^n)$-$\mathcal{B}^n$-messbar und wir können $\mathbb{P}_W$ durch Verteilungseigenschaften der Zufallsvariablen $\boldsymbol{B}_t$ festlegen; dazu benötigen wir den Begriff der stochastischen Unabhängigkeit.

Definition 3.4 (stochastische Unabhängigkeit) Seien $m \in \mathbb{N}$, $(\Omega, \mathcal{S}, \mathbb{P})$ ein Wahrscheinlichkeitsraum, $(\Omega_1, \mathcal{S}_1), \ldots, (\Omega_m, \mathcal{S}_m)$ Messräume und jede Abbildung

$$X_i : \Omega \to \Omega_i, \quad i = 1, \ldots, m,$$

$\mathcal{S}$-$\mathcal{S}_i$-messbar. Gilt nun für jede Wahl

$$A_i \in \mathcal{S}_i, \quad i = 1, \ldots, m,$$

die Gleichung

$$\mathbb{P}\left(X_1^{-1}(A_1) \cap \ldots \cap X_m^{-1}(A_m)\right) = \prod_{i=1}^{m} \mathbb{P}\left(X_i^{-1}(A_i)\right),$$

so heißen die Zufallsvariablen $X_1, \ldots, X_m$ **stochastisch unabhängig**. ◁

Das Wahrscheinlichkeitsmaß $\mathbb{P}_W$ auf $\mathcal{B}(\Omega^n)$ kann nun durch die folgenden Forderungen festgelegt werden:

(i) $\mathbb{P}_W(\{\varphi \in \Omega^n; \boldsymbol{B}_0(\varphi) = \boldsymbol{0}\}) = 1$.
(ii) Für $0 \le s < t$ sind die n Komponenten

$$(\boldsymbol{B}_t - \boldsymbol{B}_s)_1, \ldots, (\boldsymbol{B}_t - \boldsymbol{B}_s)_n$$

der Zufallsvariablen $\boldsymbol{B}_t - \boldsymbol{B}_s$ stochastisch unabhängig und $\mathcal{N}(0, (t - s))$-normalverteilt.

(iii) Für jedes $K \in \mathbb{N}$ und jede Wahl reeller Zahlen $0 \leq t_1 < t_2 < \ldots < t_K$ sind die Zufallsvariablen

$$\boldsymbol{B}_{t_1}, \boldsymbol{B}_{t_2} - \boldsymbol{B}_{t_1}, \ldots, \boldsymbol{B}_{t_K} - \boldsymbol{B}_{t_{K-1}}$$

stochastisch unabhängig.

Der durch diese Eigenschaften definierte **stochastische Prozess** $\{\boldsymbol{B}_t\}_{t \geq 0}$ wird als ***n*-dimensionale Brown'sche Bewegung** bezeichnet (zum Existenzbeweis siehe [KarShr98]) und gilt als Basisprozess stochastischer Modelle für thermodynamische Prozesse.

Sei nun $f : \mathbb{R}^n \to \mathbb{R}$ eine zu minimierende, stetig differenzierbare Zielfunktion, so interessieren wir uns im Folgenden für Abbildungen

$$\boldsymbol{X}_\alpha : [0, \infty) \times \Omega^n \to \mathbb{R}^n, \quad \alpha < 0,$$

mit folgenden Eigenschaften

- Für jedes $t \in [0, \infty)$ ist

$$\boldsymbol{X}_\alpha(t, \bullet) : \Omega^n \to \mathbb{R}^n, \quad \varphi \mapsto \boldsymbol{X}_\alpha(t, \varphi)$$

  eine Zufallsvariable (also $\mathcal{B}(\Omega^n)$-$\mathcal{B}^n$-messbar).
- Für jedes $t > 0$ ist die Verteilung von $\boldsymbol{X}_\alpha(t, \bullet)$ durch eine Dichte

$$p_{\alpha,t} : \mathbb{R}^n \to \mathbb{R}_0^+$$

  mit

$$\lim_{t \to \infty} p_{\alpha,t}(\boldsymbol{x}) = \frac{\exp(\alpha f(\boldsymbol{x}))}{\int_{\mathbb{R}^n} \exp(\alpha f(\boldsymbol{x}))\, \mathrm{d}\boldsymbol{x}}, \quad \boldsymbol{x} \in \mathbb{R}^n,$$

  gegeben $\left(\int_{\mathbb{R}^n} \exp(\alpha f(\boldsymbol{x}))\, \mathrm{d}\boldsymbol{x} < \infty \text{ vorausgesetzt}\right)$.
- Die **Pfade**

$$\boldsymbol{X}_\alpha(\bullet, \varphi) : [0, \infty) \to \mathbb{R}^n, \quad t \mapsto \boldsymbol{X}_\alpha(t, \varphi), \quad \varphi \in \Omega^n$$

  des stochastischen Prozesses $\{\boldsymbol{X}_\alpha(t, \bullet)\}_{t \geq 0}$ kommen jeder globalen Minimalstelle $\boldsymbol{x}_{\mathrm{gl}}$ von f in endlicher Zeit beliebig nahe; genauer:
  Zu jedem $\zeta > 0$ und für jede globale Minimalstelle $\boldsymbol{x}_{\mathrm{gl}}$ von f gilt:

$$\mathbb{P}_W\left(\left\{\varphi \in \Omega^n; \inf_{t \geq 0}\left\{\|\boldsymbol{X}_\alpha(t, \varphi) - \boldsymbol{x}_{\mathrm{gl}}\|_2 < \zeta\right\} < \infty\right\}\right) = 1.$$

- Pseudozufallszahlen gemäß der Verteilung von $\boldsymbol{X}_\alpha(t,\bullet)$ können für jedes $t > 0$ durch Verwendung $\mathcal{N}(0,1)$-normalverteilter Zufallszahlen berechnet werden.

Der stochastische Prozess $\{\boldsymbol{X}_\alpha(t,\bullet)\}_{t\geq 0}$ kann nun unter gewissen Voraussetzungen an die zu minimierende Zielfunktion f (auf die wir noch zu sprechen kommen werden) für $\alpha < 0$ durch die Integralgleichung

$$\boldsymbol{X}_\alpha(t,\varphi) = \boldsymbol{x}_0 - \int_0^t \nabla f(\boldsymbol{X}_\alpha(\tau,\varphi))\,\mathrm{d}\tau + \sqrt{-\frac{2}{\alpha}}(\boldsymbol{B}_t(\varphi) - \boldsymbol{B}_0(\varphi)), \quad \varphi \in \Omega^n,\ t \geq 0,$$

beschrieben werden, wobei $\{\boldsymbol{B}_t\}_{t\geq 0}$ eine Brown'sche Bewegung darstellt, ∇f den Gradienten von f repräsentiert und $\boldsymbol{x}_0 \in \mathbb{R}^n$ gilt. Der zeitliche Verlauf der Dichten $p_{\alpha,t} : \mathbb{R}^n \to \mathbb{R}_0^+$ entspricht im diskreten Fall dem von der Natur bewerkstelligten zeitlichen Verlauf der Wahrscheinlichkeitsverteilungen $(p_1,\ldots,p_m)_t$ hin zum Gleichgewichtspunkt

$$\underset{p_1,\ldots,p_m}{\operatorname{argmax}} \left\{ -\sum_{i=1}^m p_i \ln(p_i); \quad p_i \geq 0, \quad i = 1,\ldots,m, \quad \sum_{i=1}^m p_i = 1, \quad \sum_{i=1}^m p_i E_i = \frac{E}{N} \right\}.$$

Sei nun $f : \mathbb{R}^n \to \mathbb{R}$ die zu minimierende Zielfunktion und sei f stetig differenzierbar, so betrachten wir eine wichtige Voraussetzung an die Funktion f:

Voraussetzung 3.5 Es existieren reelle Zahlen $\varepsilon, \rho > 0$ derart, dass

$$\boldsymbol{x}^\top \nabla f(\boldsymbol{x}) \geq \frac{1 + n\varepsilon^2}{2} \max\{1, \|\nabla f(\boldsymbol{x})\|_2\}$$

für alle $\boldsymbol{x} \in \{\boldsymbol{z} \in \mathbb{R}^n;\ \|\boldsymbol{z}\|_2 > \rho\}$ gilt. ◁

Diese Voraussetzung beschreibt das Verhalten der Funktion f außerhalb einer Kugel um den Ursprung mit Radius ρ. Für diesen Radius ist nur die Existenz vorausgesetzt. Beginnend am Ursprung haben die Funktionswerte von f entlang jeder Halbgeraden außerhalb der betrachteten Kugel hinreichend schnell zu wachsen. Somit besitzt jede Funktion f, die diese Voraussetzung erfüllt, innerhalb der Kugel

$$\{\boldsymbol{z} \in \mathbb{R}^n;\ \|\boldsymbol{z}\|_2 \leq \rho\}$$

mindestens eine globale Minimalstelle. Die Umkehrung gilt nicht, wie die `sin`-Funktion zeigt. Die Tatsache, dass nur die Existenz eines möglicherweise sehr großen Radius $\rho > 0$

vorausgesetzt wird, macht diese Voraussetzung zu einer sehr schwachen Voraussetzung an f.

Falls Voraussetzung 3.5 nicht erfüllt ist, bietet es sich an, eine Hilfsfunktion $\bar{f}$ der folgenden Art zu verwenden:

$$\bar{f}: \mathbb{R}^n \to \mathbb{R}, \quad \boldsymbol{x} \mapsto f(\boldsymbol{x}) + \left(P\left(\|\boldsymbol{x}\|_2^2 - c\right)\right)^m, \; m \in \mathbb{N}, \; m \geq 3, \; c \in \mathbb{R}, \; c > 0,$$

wobei

$$P: \mathbb{R} \to \mathbb{R}, \quad x \mapsto \begin{cases} x & \text{für} \quad x > 0 \\ 0 & \text{für} \quad x \leq 0 \end{cases}.$$

Für $\bar{f}$ erhalten wir:

- $\bar{f} \in C^2(\mathbb{R}^n, \mathbb{R})$
- $\bar{f}(x) = f(x)$ für alle $x \in \left\{\boldsymbol{z} \in \mathbb{R}^n; \; \|\boldsymbol{z}\|_2^2 \leq c\right\}$
- $\bar{f}(x) > f(x)$ für alle $x \in \left\{\boldsymbol{z} \in \mathbb{R}^n; \; \|\boldsymbol{z}\|_2^2 > c\right\}$.

Der Nutzen in der Verwendung von $\bar{f}$ anstelle von f zeigt sich durch:

$$\boldsymbol{x}^{\mathrm{T}} \nabla \bar{f}(\boldsymbol{x}) = \boldsymbol{x}^{\mathrm{T}} \nabla f(\boldsymbol{x}) + 2m \left(P\left(\|\boldsymbol{x}\|_2^2 - c\right)\right)^{m-1} \|\boldsymbol{x}\|_2^2 .$$

Nun betrachten wir ein zentrales Ergebnis.

Satz 3.6 Gegeben sei die Funktion

$$f: \mathbb{R}^n \to \mathbb{R}, \quad n \in \mathbb{N}, \quad f \in C^2(\mathbb{R}^n, \mathbb{R}).$$

Wir nehmen an, dass für f die Voraussetzung 3.5 erfüllt ist; dann erhalten wir mit ε aus Voraussetzung 3.5 und unter Verwendung einer Brown'schen Bewegung $\{\boldsymbol{B}_t\}_{t \geq 0}$:

(i) Die Integralgleichung

$$\boldsymbol{Y}_\varepsilon(t, \varphi) = \boldsymbol{y}_0 - \int_0^t \nabla f(\boldsymbol{Y}_\varepsilon(\tau, \varphi)) \, \mathrm{d}\tau + \varepsilon(\boldsymbol{B}_t(\varphi) - \boldsymbol{B}_0(\varphi)), \; \varphi \in \Omega^n, \; t \geq 0,$$

hat eine eindeutige Lösung

$$\boldsymbol{Y}_\varepsilon : [0, \infty) \times \Omega^n \to \mathbb{R}^n$$

für jedes $\boldsymbol{y}_0 \in \mathbb{R}^n$.

(ii) Für jedes $t \in [0, \infty)$ ist

$$\boldsymbol{Y}_\varepsilon(t, \bullet) : \Omega^n \to \mathbb{R}^n\,, \qquad \varphi \mapsto \boldsymbol{Y}_\varepsilon(t, \varphi)$$

$\mathcal{B}(\Omega^n) - \mathcal{B}(\mathbb{R}^n)$-messbar und die Verteilung von $\boldsymbol{Y}_\varepsilon(t, \bullet)$, $t > 0$, ist durch eine Dichte $p_{\varepsilon,t} : \mathbb{R}^n \to \mathbb{R}_0^+$ mit

$$\lim_{t\to\infty} p_{\varepsilon,t}(\boldsymbol{x}) = \frac{\exp\left(-\frac{2f(\boldsymbol{x})}{\varepsilon^2}\right)}{\int\limits_{\mathbb{R}^n} \exp\left(-\frac{2f(\boldsymbol{x})}{\varepsilon^2}\right) \mathrm{d}\boldsymbol{x}} \quad \text{für alle} \quad \boldsymbol{x} \in \mathbb{R}^n$$

gegeben.

(iii) Zu jedem $\zeta > 0$ und für jede globale Minimalstelle $\boldsymbol{x}_{\text{gl}}$ von f gilt:

$$\mathbb{P}_W\left(\left\{\varphi \in \Omega^n ;\ \inf_{t\geq 0}\left\{\|\boldsymbol{Y}_\varepsilon(t, \varphi) - \boldsymbol{x}_{\text{gl}}\|_2 < \zeta\right\} < \infty\right\}\right) = 1\,.$$

◁

Der stochastische Prozess $\{\boldsymbol{Y}_\varepsilon(t, \bullet)\}_{t\geq 0}$ erfüllt also exakt die obigen Forderungen an den stochastischen Prozess $\{\boldsymbol{X}_\alpha(t, \bullet)\}_{t\geq 0}$, wenn man

$$\alpha = -\frac{2}{\varepsilon^2} \quad \text{und} \quad \boldsymbol{y}_0 = \boldsymbol{x}_0$$

wählt.

Die nun folgenden Lemmata vereinfachen den Beweis von Satz 3.6.

Lemma 3.7 Sei

$$\boldsymbol{g} : \mathbb{R}^n \to \mathbb{R}^n$$

eine global Lipschitz-stetige Funktion mit Lipschitz-Konstante $L > 0$, also

$$\|\boldsymbol{g}(\boldsymbol{x}) - \boldsymbol{g}(\boldsymbol{y})\|_2 \leq L\|\boldsymbol{x} - \boldsymbol{y}\|_2 \quad \text{für alle} \quad \boldsymbol{x}, \boldsymbol{y} \in \mathbb{R}^n\,,$$

und sei

$$\boldsymbol{B} : [0, \infty) \to \mathbb{R}^n$$

eine stetige Funktion, dann besitzt die Integralgleichung

$$\boldsymbol{x}(t) = \boldsymbol{x}_0 - \int\limits_0^t \boldsymbol{g}(\boldsymbol{x}(\tau))\, \mathrm{d}\tau + \boldsymbol{B}(t)\,, \quad t \in [0, \infty)$$

für jedes $\boldsymbol{x}_0 \in \mathbb{R}^n$ eine eindeutige Lösung

$$\boldsymbol{x} : [0, \infty) \to \mathbb{R}^n\,.$$

◁

Beweis Da $\boldsymbol{g}$ global Lipschitz-stetig ist mit Lipschitz-Konstante $L > 0$, können wir für den Beweis der Existenz und Eindeutigkeit einer Lösung $\boldsymbol{x} : [0, \infty) \to \mathbb{R}^n$ der betrachteten Integralgleichung den Fixpunktsatz von Banach verwenden. Sei erneut $C^0([0, T], \mathbb{R}^n)$ die Menge aller stetigen Funktionen

$$\boldsymbol{u} : [0, T] \to \mathbb{R}^n$$

(mit den entsprechenden einseitigen Limiten) und sei

$$\begin{aligned} K : C^0([0, T], \mathbb{R}^n) &\to C^0([0, T], \mathbb{R}^n), \\ K(\boldsymbol{u})(t) &= \boldsymbol{x}_0 - \int_0^t \boldsymbol{g}(\boldsymbol{u}(\tau))\, \mathrm{d}\tau + \boldsymbol{B}(t), \quad t \in [0, T]. \end{aligned}$$

Offensichtlich ist jede Lösung $\boldsymbol{x}_T$ von

$$\boldsymbol{z}(t) = \boldsymbol{x}_0 - \int_0^t \boldsymbol{g}(\boldsymbol{z}(\tau))\, \mathrm{d}\tau + \boldsymbol{B}(t), \quad t \in [0, T],$$

ein Fixpunkt von K und umgekehrt. Mit

$$\begin{aligned} d : C^0([0, T], \mathbb{R}^n) \times C^0([0, T], \mathbb{R}^n) &\to \mathbb{R} \\ (\boldsymbol{u}, \boldsymbol{v}) &\mapsto \max_{t \in [0,T]} \left(\|\boldsymbol{u}(t) - \boldsymbol{v}(t)\|_2 e^{-2Lt} \right) \end{aligned}$$

wird $(C^0([0, T], \mathbb{R}^n), d)$ ein vollständiger metrischer Raum.

Wegen

$$\begin{aligned} \|K(\boldsymbol{u})(t) - K(\boldsymbol{v})(t)\|_2 e^{-2Lt} &= \left\| \int_0^t (\boldsymbol{g}(\boldsymbol{v}(\tau)) - \boldsymbol{g}(\boldsymbol{u}(\tau)))\, \mathrm{d}\tau \right\|_2 e^{-2Lt} \leq \\ &\leq \int_0^t \|\boldsymbol{g}(\boldsymbol{v}(\tau)) - \boldsymbol{g}(\boldsymbol{u}(\tau))\|_2\, \mathrm{d}\tau \cdot e^{-2Lt} = \\ &= \int_0^t \|\boldsymbol{g}(\boldsymbol{v}(\tau)) - \boldsymbol{g}(\boldsymbol{u}(\tau))\|_2 e^{-2L\tau} e^{2L\tau}\, \mathrm{d}\tau \cdot e^{-2Lt} \leq \\ &\leq L \int_0^t \|\boldsymbol{v}(\tau) - \boldsymbol{u}(\tau)\|_2 e^{-2L\tau} e^{2L\tau}\, \mathrm{d}\tau \cdot e^{-2Lt} \leq \\ &\leq L \cdot \mathrm{d}(\boldsymbol{u}, \boldsymbol{v}) \int_0^t e^{2L\tau}\, \mathrm{d}\tau \cdot e^{-2Lt} = \end{aligned}$$

$$= L \cdot \mathrm{d}(\boldsymbol{u}, \boldsymbol{v}) \frac{1}{2L} \left(e^{2Lt} - 1\right) e^{-2Lt} \leq$$

$$\leq \frac{L}{2L} \mathrm{d}(\boldsymbol{u}, \boldsymbol{v}) = \frac{1}{2} \mathrm{d}(\boldsymbol{u}, \boldsymbol{v}), \quad t \in [0, T],$$

gilt

$$\mathrm{d}(K(\boldsymbol{u}), K(\boldsymbol{v})) \leq \frac{1}{2} \mathrm{d}(\boldsymbol{u}, \boldsymbol{v})$$

und der Fixpunktsatz von Banach ist anwendbar.

Wir haben also eine eindeutige Lösung

$$\boldsymbol{x}_T : [0, T] \to \mathbb{R}^n$$

von

$$\boldsymbol{z}(t) = \boldsymbol{x}_0 - \int_0^t \boldsymbol{g}(\boldsymbol{z}(\tau))\, \mathrm{d}\tau + \boldsymbol{B}(t), \quad t \in [0, T],$$

für alle $T > 0$ gefunden und dies liefert eine eindeutige Lösung

$$\boldsymbol{x} : [0, \infty) \to \mathbb{R}^n$$

von

$$\boldsymbol{x}(t) = \boldsymbol{x}_0 - \int_0^t \boldsymbol{g}(\boldsymbol{x}(\tau))\, \mathrm{d}\tau + \boldsymbol{B}(t), \quad t \in [0, \infty).$$

q.e.d.

Lemma 3.8 Sei $f \in C^2(\mathbb{R}^n, \mathbb{R})$ und $\varepsilon > 0$ gemäß Voraussetzung 3.5 gewählt, dann gilt:

$$\int_{\mathbb{R}^n} \exp\left(-\frac{2f(\boldsymbol{x})}{\varepsilon^2}\right) \mathrm{d}\boldsymbol{x} < \infty .$$

◁

Beweis Für jedes $\boldsymbol{y} \in \mathbb{R}^n$, $\|\boldsymbol{y}\|_2 \neq \boldsymbol{0}$, erhalten wir für $\gamma > \rho$ (mit ρ gemäß Voraussetzung 3.5):

$$\nabla f \left(\gamma \frac{\boldsymbol{y}}{\|\boldsymbol{y}\|_2}\right)^{\top} \gamma \frac{\boldsymbol{y}}{\|\boldsymbol{y}\|_2} \geq \frac{1 + n\varepsilon^2}{2}$$

und somit

$$\frac{\mathrm{d}}{\mathrm{d}\gamma} f \left(\gamma \frac{\boldsymbol{y}}{\|\boldsymbol{y}\|_2}\right) \geq \frac{1 + n\varepsilon^2}{2\gamma} .$$

Integration nach y über $[\rho, \xi]$, $\xi > \rho$ führt auf

$$f\left(\xi\frac{\boldsymbol{y}}{\|\boldsymbol{y}\|_2}\right) \geq \frac{1+n\varepsilon^2}{2}\ln(\xi) - \frac{1+n\varepsilon^2}{2}\ln(\rho) + f\left(\rho\frac{\boldsymbol{y}}{\|\boldsymbol{y}\|_2}\right).$$

Für jedes $\boldsymbol{x} \in \{\boldsymbol{z} \in \mathbb{R}^n;\ \|\boldsymbol{z}\|_2 > \rho\}$ existiert ein eindeutiges $\xi > \rho$ und ein eindeutiges $\boldsymbol{y} \in \mathbb{R}^n$ mit

$$\boldsymbol{x} = \xi\frac{\boldsymbol{y}}{\|\boldsymbol{y}\|_2}.$$

Setzt man

$$c := \min_{\|\boldsymbol{y}\|_2 \neq 0}\left\{f\left(\rho\frac{\boldsymbol{y}}{\|\boldsymbol{y}\|_2}\right)\right\},$$

erhalten wir

$$f(\boldsymbol{x}) \geq \frac{1+n\varepsilon^2}{2}\ln\left(\|\boldsymbol{x}\|_2\right) + c - \frac{1+n\varepsilon^2}{2}\ln(\rho)$$

für alle $\boldsymbol{x} \in \{\boldsymbol{z} \in \mathbb{R}^n;\ \|\boldsymbol{z}\|_2 > \rho\}$. Diese Ungleichung ist äquivalent zu

$$\exp\left(-\frac{2f(\boldsymbol{x})}{\varepsilon^2}\right) \leq c_1\|\boldsymbol{x}\|_2^{-n-\frac{1}{\varepsilon^2}}$$

mit

$$c_1 = \exp\left(\frac{1+n\varepsilon^2}{\varepsilon^2}\ln(\rho) - \frac{2c}{\varepsilon^2}\right).$$

Integration liefert

$$\begin{aligned}\int_{\mathbb{R}^n}\exp\left(-\frac{2f(\boldsymbol{x})}{\varepsilon^2}\right)\mathrm{d}\boldsymbol{x} &= \int_{\{\boldsymbol{z}\in\mathbb{R}^n;\ \|\boldsymbol{z}\|_2\leq\rho\}}\exp\left(-\frac{2f(\boldsymbol{x})}{\varepsilon^2}\right)\mathrm{d}\boldsymbol{x} + \\ &\quad + \int_{\{\boldsymbol{z}\in\mathbb{R}^n;\ \|\boldsymbol{z}\|_2>\rho\}}\exp\left(-\frac{2f(\boldsymbol{x})}{\varepsilon^2}\right)\mathrm{d}\boldsymbol{x} \leq \\ &\leq \int_{\{\boldsymbol{z}\in\mathbb{R}^n;\ \|\boldsymbol{z}\|_2\leq\rho\}}\exp\left(-\frac{2f(\boldsymbol{x})}{\varepsilon^2}\right)\mathrm{d}\boldsymbol{x} + \\ &\quad + \int_{\{\boldsymbol{z}\in\mathbb{R}^n;\ \|\boldsymbol{z}\|_2>\rho\}} c_1\|\boldsymbol{x}\|_2^{-n-\frac{1}{\varepsilon^2}}\,\mathrm{d}\boldsymbol{x} < \\ &< \infty\end{aligned}$$

unter Verwendung n-dimensionaler Polarkoordinaten für die Berechnung von

$$\int_{\{z\in\mathbb{R}^n;\ \|z\|_2>\rho\}} c_1\|\boldsymbol{x}\|_2^{-n-\frac{1}{\varepsilon^2}}\,\mathrm{d}\boldsymbol{x}\,.$$

q.e.d.

Kommen wir nun zum Beweis von Satz 3.6:

Beweis Mit

$$\boldsymbol{g}:\mathbb{R}^n\to\mathbb{R}^n,\qquad \boldsymbol{x}\mapsto\begin{cases}\nabla f(\boldsymbol{x}) & \text{falls}\quad \|\boldsymbol{x}-\boldsymbol{y}_0\|_2\le r\\ \nabla f\left(\boldsymbol{y}_0+\frac{r(\boldsymbol{x}-\boldsymbol{y}_0)}{\|\boldsymbol{x}-\boldsymbol{y}_0\|_2}\right) & \text{falls}\quad \|\boldsymbol{x}-\boldsymbol{y}_0\|_2> r\end{cases},\qquad r>0\,,$$

betrachten wir die Integralgleichung

$$\boldsymbol{Z}(t,\varphi)=\boldsymbol{y}_0-\int_0^t \boldsymbol{g}\left(\boldsymbol{Z}(\tau,\varphi)\right)\mathrm{d}\tau+\varepsilon\left(\boldsymbol{B}_t(\varphi)-\boldsymbol{B}_0(\varphi)\right),\quad t\in[0,\infty),\quad \varphi\in\Omega^n\,.$$

Da $\boldsymbol{g}$ global Lipschitz-stetig mit Lipschitz-Konstante $L>0$ ist und da jeder Pfad einer Brown'schen Bewegung stetig ist, zeigt Lemma 3.7 die pfadweise Existenz und Eindeutigkeit einer Lösung

$$\boldsymbol{Z}:[0,\infty)\times\Omega^n\to\mathbb{R}^n$$

der obigen Integralgleichung.

Nun haben wir den Zusammenhang zwischen $\boldsymbol{Z}$ und der Integralgleichung

$$\boldsymbol{Y}_\varepsilon(t,\varphi)=\boldsymbol{y}_0-\int_0^t \nabla f\left(\boldsymbol{Y}_\varepsilon(\tau,\varphi)\right)\mathrm{d}\tau+\varepsilon\left(\boldsymbol{B}_t(\varphi)-\boldsymbol{B}_0(\varphi)\right),\quad t\in[0,\infty),\ \varphi\in\Omega^n\,,$$

zu untersuchen. Zu diesem Zweck führen wir für jedes $r>0$ die Funktion

$$s_r:\Omega^n\to\mathbb{R}\cup\{\infty\},$$
$$\varphi\mapsto\begin{cases}\inf\left\{t\ge0;\ \|\boldsymbol{Z}(t,\varphi)-\boldsymbol{y}_0\|_2\ge r\right\} & \text{falls}\quad \left\{t\ge0;\ \|\boldsymbol{Z}(t,\varphi)-\boldsymbol{y}_0\|_2\ge r\right\}\neq\emptyset\\ \infty & \text{falls}\quad \left\{t\ge0;\ \|\boldsymbol{Z}(t,\varphi)-\boldsymbol{y}_0\|_2\ge r\right\}=\emptyset\end{cases}$$

ein. Mit diesem s_r ist klar, dass die Funktionen

$$\boldsymbol{Z}_{|s_r}:[0,s_r(\varphi))\to\mathbb{R}^n,\ t\mapsto\boldsymbol{Z}(t,\varphi),\quad \varphi\in\Omega^n\,,$$

die eindeutigen Lösungen der Integralgleichung

$$\boldsymbol{Y}_\varepsilon(t,\varphi) = \boldsymbol{y}_0 - \int_0^t \nabla f(\boldsymbol{Y}_\varepsilon(\tau,\varphi))\,\mathrm{d}\tau + \varepsilon\left(\boldsymbol{B}_t(\varphi) - \boldsymbol{B}_0(\varphi)\right), \quad t \in [0, s_r(\varphi)),\ \varphi \in \Omega^n,$$

liefern. Somit haben wir zu beweisen, dass

$$\lim_{r\to\infty} s_r(\varphi) = \infty \quad \text{für alle} \quad \varphi \in \Omega^n .$$

Für jedes $\varphi \in \Omega^n$ erhalten wir eine monoton steigende Funktion

$$s_\varphi : [0,\infty) \to \mathbb{R} \cup \{\infty\}, \quad r \mapsto s_r(\varphi).$$

Nun nehmen wir an, dass ein $\hat{\varphi} \in \Omega^n$ mit

$$\lim_{r\to\infty} s_{\hat{\varphi}}(r) = \lim_{r\to\infty} s_r(\hat{\varphi}) = s < \infty$$

existiert. Um diese Annahme zu einem Widerspruch zu führen, betrachten wir die Funktion

$$k : (0,s) \to \mathbb{R}, \quad t \mapsto \frac{\mathrm{d}}{\mathrm{d}t}\left(\frac{1}{2}\|\boldsymbol{Z}(t,\hat{\varphi}) - \varepsilon(\boldsymbol{B}_t(\hat{\varphi}) - \boldsymbol{B}_0(\hat{\varphi})) + \varepsilon(\boldsymbol{B}_s(\hat{\varphi}) - \boldsymbol{B}_0(\hat{\varphi}))\|_2^2\right).$$

Mit der Wahl $\bar{t} \in [0,s)$ derart, dass

- $\|\boldsymbol{Z}(\bar{t},\hat{\varphi})\|_2 > \rho$ (ρ aus Voraussetzung 3.5)
- $\|\varepsilon(\boldsymbol{B}_s(\hat{\varphi}) - \boldsymbol{B}_t(\hat{\varphi}))\|_2 < \frac{1+n\varepsilon^2}{4}$ für alle $t \in [\bar{t}, s)$,

erhalten wir für alle $t \in [\bar{t}, s)$, für welche $\|\boldsymbol{Z}(t,\hat{\varphi})\|_2 > \rho$:

$$\begin{aligned}
k(t) &= -\left(\boldsymbol{Z}(t,\hat{\varphi}) + \varepsilon(\boldsymbol{B}_s(\hat{\varphi}) - \boldsymbol{B}_t(\hat{\varphi}))\right)^\top \nabla f(\boldsymbol{Z}(t,\hat{\varphi})) = \\
&= -\boldsymbol{Z}(t,\hat{\varphi})^\top \nabla f(\boldsymbol{Z}(t,\hat{\varphi})) - \varepsilon(\boldsymbol{B}_s(\hat{\varphi}) - \boldsymbol{B}_t(\hat{\varphi}))^\top \nabla f(\boldsymbol{Z}(t,\hat{\varphi})) \le \\
&\le -\frac{1+n\varepsilon^2}{2}\max\{1, \|\nabla f(\boldsymbol{Z}(t,\hat{\varphi}))\|_2\} + \frac{1+n\varepsilon^2}{4}\|\nabla f(\boldsymbol{Z}(t,\hat{\varphi}))\|_2 = \\
&= -\frac{1+n\varepsilon^2}{4}\left(\max\{2, 2\|\nabla f(\boldsymbol{Z}(t,\hat{\varphi}))\|_2\} - \|\nabla f(\boldsymbol{Z}(t,\hat{\varphi}))\|_2\right) = \\
&= -\frac{1+n\varepsilon^2}{4}\max\{2 - \|\nabla f(\boldsymbol{Z}(t,\hat{\varphi}))\|_2, \|\nabla f(\boldsymbol{Z}(t,\hat{\varphi}))\|_2\} \le \\
&\le -\frac{1+n\varepsilon^2}{4} < 0 .
\end{aligned}$$

Folglich gilt für alle $t \in [\bar{t}, s)$:

$$\begin{aligned}\|\boldsymbol{Z}(t,\hat{\varphi})\|_2 &= \|\boldsymbol{Z}(t,\hat{\varphi}) + \varepsilon(\boldsymbol{B}_s(\hat{\varphi}) - \boldsymbol{B}_t(\hat{\varphi})) - \varepsilon(\boldsymbol{B}_s(\hat{\varphi}) - \boldsymbol{B}_t(\hat{\varphi}))\|_2 \leq \\ &\leq \|\boldsymbol{Z}(t,\hat{\varphi}) + \varepsilon(\boldsymbol{B}_s(\hat{\varphi}) - \boldsymbol{B}_t(\hat{\varphi}))\|_2 + \|\varepsilon(\boldsymbol{B}_s(\hat{\varphi}) - \boldsymbol{B}_t(\hat{\varphi}))\|_2 = \\ &= \|\boldsymbol{Z}(t,\hat{\varphi}) - \varepsilon(\boldsymbol{B}_t(\hat{\varphi}) - \boldsymbol{B}_0(\hat{\varphi})) + \varepsilon(\boldsymbol{B}_s(\hat{\varphi}) - \boldsymbol{B}_0(\hat{\varphi}))\|_2 + \\ &\quad + \|\varepsilon(\boldsymbol{B}_s(\hat{\varphi}) - \boldsymbol{B}_t(\hat{\varphi}))\|_2 \leq \\ &\leq \|\boldsymbol{Z}(\bar{t},\hat{\varphi})\|_2 + \max_{\bar{t}\leq t\leq s}\left\{\|\varepsilon(\boldsymbol{B}_s(\hat{\varphi}) - \boldsymbol{B}_0(\hat{\varphi})) - \varepsilon(\boldsymbol{B}_t(\hat{\varphi}) - \boldsymbol{B}_0(\hat{\varphi}))\|_2\right\} + \\ &\quad + \frac{1+n\varepsilon^2}{4}.\end{aligned}$$

Dies ist ein Widerspruch zu

$$\lim_{r\to\infty} \left\|\boldsymbol{Z}(s_r(\hat{\varphi}),\hat{\varphi}) - \boldsymbol{y}_0\right\|_2 = \infty$$

und die erste Aussage ist bewiesen.

Nun wählen wir $t \in (0,\infty)$, $m \in \mathbb{N}$, und $t_j := j\frac{t}{m}$, $j = 0,\ldots,m$.

Da

$$\boldsymbol{Y}_\varepsilon(t,\bullet) : \Omega^n \to \mathbb{R}^n, \quad \varphi \mapsto \boldsymbol{Y}_\varepsilon(t,\varphi)$$

den Grenzwert einer Fixpunktiteration

$$\boldsymbol{Y}_\varepsilon(t,\varphi) = \lim_{k\to\infty} \boldsymbol{Y}_\varepsilon^k(t,\varphi)$$

mit

- $\boldsymbol{Y}_\varepsilon^0(t,\bullet) : \Omega^n \to \mathbb{R}^n, \quad \varphi \mapsto \boldsymbol{y}_0$
- $\boldsymbol{Y}_\varepsilon^k(t,\bullet) : \Omega^n \to \mathbb{R}^n, \quad \varphi \mapsto \boldsymbol{y}_0 - \int_0^t \nabla f\left(\boldsymbol{Y}_\varepsilon^{k-1}(t,\varphi)\right) \mathrm{d}\tau + \varepsilon(\boldsymbol{B}_t(\varphi) - \boldsymbol{B}_0(\varphi))$

darstellt und da

$$\int_0^t \nabla f\left(\boldsymbol{Y}_\varepsilon^{k-1}(\tau,\varphi)\right) \mathrm{d}\tau = \lim_{m\to\infty} \sum_{j=1}^m \nabla f\left(\boldsymbol{Y}_\varepsilon^{k-1}(t_{j-1},\varphi)\right)(t_j - t_{j-1}),$$

ist jede Funktion $\boldsymbol{Y}_\varepsilon(t,\bullet)$ $\mathcal{B}(\Omega^n) - \mathcal{B}(\mathbb{R}^n)$ messbar. Existenz und Eindeutigkeit der Dichten p_t werden durch Lemma 3.8 in Kombination mit der Analyse des Cauchy-Problem für parabolische partielle Differentialgleichungen (siehe zum Beispiel [Fried06], Kap. 6, Sektion 4) bewiesen.

Die letzte Behauptung wird im Rahmen der Stabilitätstheorie stochastischer Differentialgleichungen (siehe etwa [Kha12]) bewiesen. **q.e.d.**

Satz 3.6 besagt, dass für jeden Startpunkt $\boldsymbol{y}_0 \in \mathbb{R}^n$ die numerische Berechnung eines Pfades

$$\boldsymbol{Y}_\varepsilon(\bullet, \tilde{\varphi}) : [0, \infty) \to \mathbb{R}^n, \quad t \mapsto \boldsymbol{Y}_\varepsilon(t, \tilde{\varphi})$$

mit

$$\boldsymbol{Y}_\varepsilon(t, \tilde{\varphi}) = \boldsymbol{y}_0 - \int_0^t \nabla f(\boldsymbol{Y}_\varepsilon(\tau, \tilde{\varphi}))\, \mathrm{d}\tau + \varepsilon(\boldsymbol{B}_t(\tilde{\varphi}) - \boldsymbol{B}_0(\tilde{\varphi}))\,, \quad t \in [0, \infty),$$

im Grenzwert eine Realisierung einer Zufallsvariablen $\boldsymbol{Y}_f$ mit der Verteilung

$$d : \mathbb{R}^n \to \mathbb{R}, \quad \boldsymbol{x} \mapsto \frac{\exp\left(-\frac{2f(\boldsymbol{x})}{\varepsilon^2}\right)}{\int_{\mathbb{R}^n} \exp\left(-\frac{2f(\boldsymbol{x})}{\varepsilon^2}\right) \mathrm{d}\boldsymbol{x}}$$

liefert.

Teil II

Numerische Verfahren

Minimierungsprobleme ohne Nebenbedingungen 4

4.1 Das semi-implizite Eulerverfahren

Im Folgenden werden wir die Grundprinzipien der numerischen Approximation einer Kurve des steilsten Abstiegs (siehe Abschn. 1.2) bei der numerischen Approximation von

$$\boldsymbol{Y}_\varepsilon(\bullet, \tilde{\varphi}) : [\,0, \infty) \to \mathbb{R}^n , \quad t \mapsto \boldsymbol{Y}_\varepsilon(t, \tilde{\varphi})$$

gegeben durch

$$\boldsymbol{Y}_\varepsilon(t, \tilde{\varphi}) = \boldsymbol{y}_0 - \int_0^t \nabla f(\boldsymbol{Y}_\varepsilon(\tau, \tilde{\varphi}))\, \mathrm{d}\tau + \varepsilon\,(\boldsymbol{B}_t(\tilde{\varphi}) - \boldsymbol{B}_0(\tilde{\varphi}))\,, \quad t \in [\,0, \infty)\,,$$

verwenden.

Das implizite Eulerverfahren mit der Schrittweite h basierend auf einer Approximation $\boldsymbol{y}_{\text{app}}(\bar{t}, \tilde{\varphi})$ von $\boldsymbol{Y}_\varepsilon(\bar{t}, \tilde{\varphi})$ führt auf ein nichtlineares Gleichungssystem

$$\boldsymbol{y}_{\text{app}}(\bar{t} + h, \tilde{\varphi}) = \boldsymbol{y}_{\text{app}}(\bar{t}, \tilde{\varphi}) - h \nabla f(\boldsymbol{y}_{\text{app}}(\bar{t} + h, \tilde{\varphi})) + \varepsilon\,(\boldsymbol{B}_{\bar{t}+h}(\tilde{\varphi}) - \boldsymbol{B}_{\bar{t}}(\tilde{\varphi}))$$

bzw.

$$\boldsymbol{y}_{\text{app}}(\bar{t} + h, \tilde{\varphi}) - \boldsymbol{y}_{\text{app}}(\bar{t}, \tilde{\varphi}) + h \nabla f(\boldsymbol{y}_{\text{app}}(\bar{t} + h, \tilde{\varphi})) - \varepsilon\,(\boldsymbol{B}_{\bar{t}+h}(\tilde{\varphi}) - \boldsymbol{B}_{\bar{t}}(\tilde{\varphi})) = \boldsymbol{0}.$$

Wir betrachten die Linearisierung von

$$\boldsymbol{F} : \mathbb{R}^n \to \mathbb{R}^n , \quad \boldsymbol{z} \mapsto \boldsymbol{z} - \boldsymbol{y}_{\text{app}}(\bar{t}, \tilde{\varphi}) + h \nabla f(\boldsymbol{z}) - \varepsilon\,(\boldsymbol{B}_{\bar{t}+h}(\tilde{\varphi}) - \boldsymbol{B}_{\bar{t}}(\tilde{\varphi}))$$

um $\boldsymbol{y}_{\text{app}}(\bar{t}, \tilde{\varphi})$, gegeben durch

$$\begin{aligned} \boldsymbol{LF} &: \mathbb{R}^n \to \mathbb{R}^n , \\ &\boldsymbol{z} \mapsto h \nabla f(\boldsymbol{y}_{\text{app}}(\bar{t}, \tilde{\varphi})) + \left(\boldsymbol{I}_n + h \nabla^2 f(\boldsymbol{y}_{\text{app}}(\bar{t}, \tilde{\varphi}))\right) (\boldsymbol{z} - \boldsymbol{y}_{\text{app}}(\bar{t}, \tilde{\varphi})) - \\ &\quad - \varepsilon\,(\boldsymbol{B}_{\bar{t}+h}(\tilde{\varphi}) - \boldsymbol{B}_{\bar{t}}(\tilde{\varphi}))\,, \end{aligned}$$

S. Schäffler, *Globale Optimierung*, Mathematik im Fokus, DOI 10.1007/978-3-642-41767-2_4,

wobei $\nabla^2 f$ die Hesse-Matrix von f darstellt. Löst man $\boldsymbol{LF} = \boldsymbol{0}$ anstelle von $\boldsymbol{F} = \boldsymbol{0}$, so ergibt sich für hinreichend kleine $h > 0$ (zumindest h derart, dass $\left(\frac{1}{h}\boldsymbol{I}_n + \nabla^2 f(\boldsymbol{y}_{\text{app}}(\bar{t}, \tilde{\varphi}))\right)$ eine positiv definite Matrix darstellt):

$$\begin{aligned}\boldsymbol{y}_{\text{app}}(\bar{t} + h, \tilde{\varphi}) &= \boldsymbol{y}_{\text{app}}(\bar{t}, \tilde{\varphi}) - \\ -\left(\frac{1}{h}\boldsymbol{I}_n + \nabla^2 f(\boldsymbol{y}_{\text{app}}(\bar{t}, \tilde{\varphi}))\right)^{-1} &\left(\nabla f(\boldsymbol{y}_{\text{app}}(\bar{t}, \tilde{\varphi})) - \frac{\varepsilon}{h}\left(\boldsymbol{B}_{\bar{t}+h}(\tilde{\varphi}) - \boldsymbol{B}_{\bar{t}}(\tilde{\varphi})\right)\right).\end{aligned}$$

Da die n Komponenten von $(\boldsymbol{B}_{\bar{t}+h} - \boldsymbol{B}_{\bar{t}})$ stochastisch unabhängig und jeweils $\mathcal{N}(0, h)$-normalverteilt sind, kann die numerische Auswertung von

$$\frac{\varepsilon}{h}\left(\boldsymbol{B}_{\bar{t}+h}(\tilde{\varphi}) - \boldsymbol{B}_{\bar{t}}(\tilde{\varphi})\right)$$

durch die algorithmische Berechnung n stochastisch unabhängiger, $\mathcal{N}(0,1)$-normalverteilter Pseudozufallszahlen $p_1, \ldots, p_n \in \mathbb{R}$ berechnet werden. Somit wird der Vektor $\frac{\varepsilon}{h}\left(\boldsymbol{B}_{\bar{t}+h}(\tilde{\varphi}) - \boldsymbol{B}_{\bar{t}}(\tilde{\varphi})\right)$ durch

$$\frac{\varepsilon}{h}\left(\boldsymbol{B}_{\bar{t}+h}(\tilde{\varphi}) - \boldsymbol{B}_{\bar{t}}(\tilde{\varphi})\right) = \frac{\varepsilon}{\sqrt{h}}\begin{pmatrix} p_1 \\ \vdots \\ p_n \end{pmatrix}$$

realisiert. Sei nun $\boldsymbol{y}_{\text{app}}(h, \tilde{\varphi})$ durch einen Schritt der Schrittweite h startend bei $\boldsymbol{y}_0 \in \mathbb{R}^n$ berechnet:

$$\boldsymbol{y}_{\text{app}}(h, \tilde{\varphi}) = \boldsymbol{y}_0 - \left(\frac{1}{h}\boldsymbol{I}_n + \nabla^2 f(\boldsymbol{y}_0)\right)^{-1}\left(\nabla f(\boldsymbol{y}_0) - \frac{\varepsilon}{\sqrt{h}}\begin{pmatrix} p_1 \\ \vdots \\ p_n \end{pmatrix}\right).$$

Auf den ersten Blick wird die Wahl $\tilde{\varphi} \in \Omega^n$ durch Berechnung von

$$p_1, \ldots, p_n \in \mathbb{R}$$

dem Rechner überlassen; betrachten wir dazu die Menge

$$\Omega_h^n := \{\varphi \in \Omega^n;\ \boldsymbol{Y}_\varepsilon(h, \varphi) = \boldsymbol{Y}_\varepsilon(h, \tilde{\varphi})\}.$$

Offensichtlich ist der Vektor $\boldsymbol{y}_{\text{app}}(h, \tilde{\varphi})$ nicht nur eine Approximation für $\boldsymbol{Y}_\varepsilon(h, \tilde{\varphi})$, sondern auch für alle $\boldsymbol{Y}_\varepsilon(h, \varphi)$, $\varphi \in \Omega_h^n$. Folglich legt die Berechnung von $p_1, \ldots, p_n \in \mathbb{R}$ das Element $\tilde{\varphi} \in \Omega^n$ nicht eindeutig fest, sondern führt nur auf eine Reduktion von Ω^n zu Ω_h^n.

Nehmen wir nun an, wir wollten $\boldsymbol{y}_{\text{app}}(2h, \tilde{\varphi})$ durch einen Schritt mit Schrittweite h startend bei $\boldsymbol{y}_{\text{app}}(h, \tilde{\varphi})$ berechnen. Zu diesem Zweck müssen wir erneut n stochastisch unabhängige, $\mathcal{N}(0,1)$-normalverteilte Pseudozufallszahlen $q_1, \ldots, q_n \in \mathbb{R}$ berechnen und erhalten dann:

$$\begin{aligned} \boldsymbol{y}_{\text{app}}(2h, \tilde{\varphi}) &= \boldsymbol{y}_{\text{app}}(h, \tilde{\varphi}) - \\ &- \left(\frac{1}{h}\boldsymbol{I}_n + \nabla^2 f(\boldsymbol{y}_{\text{app}}(h, \tilde{\varphi}))\right)^{-1} \left(\nabla f(\boldsymbol{y}_{\text{app}}(h, \tilde{\varphi})) - \frac{\varepsilon}{\sqrt{h}} \begin{pmatrix} q_1 \\ \vdots \\ q_n \end{pmatrix}\right). \end{aligned}$$

Da die Zufallsvariablen $(\boldsymbol{B}_{2h} - \boldsymbol{B}_h)$ und $(\boldsymbol{B}_h - \boldsymbol{B}_0)$ stochastisch unabhängig sind, ist es möglich, $q_1, \ldots, q_n$ unabhängig von $p_1, \ldots, p_n$ zu berechnen. Der Vektor $\boldsymbol{y}_{\text{app}}(2h, \tilde{\varphi})$ ist eine numerische Approximation von $\boldsymbol{Y}_\varepsilon(2h, \varphi)$ für alle $\varphi \in \Omega^n_{2h}$ mit

$$\Omega^n_{2h} := \{\varphi \in \Omega^n;\ \boldsymbol{Y}_\varepsilon(h, \varphi) = \boldsymbol{Y}_\varepsilon(h, \tilde{\varphi}) \quad \text{und} \quad \boldsymbol{Y}_\varepsilon(2h, \varphi) = \boldsymbol{Y}_\varepsilon(2h, \tilde{\varphi})\}.$$

Da die Funktion

$$\boldsymbol{Y}_\varepsilon(t, \tilde{\varphi}) : [0, \infty) \to \mathbb{R}^n$$

für jedes $\tilde{\varphi} \in \Omega^n$ nur stetig ist, aber im Allgemeinen an keiner Stelle differenzierbar, helfen manche Strategien zur Schrittweitensteuerung der Numerischen Mathematik nicht weiter. Beginnend mit einem Startwert $h_{\max}$ für h derart, dass die Matrix

$$\left(\frac{1}{h_{\max}}\boldsymbol{I}_n + \nabla^2 f(\boldsymbol{y}_{\text{app}}(\bar{t}, \tilde{\varphi}))\right)$$

positiv definit ist, berechnen wir

$$\begin{aligned} \tilde{\boldsymbol{y}}\left(\bar{t} + \frac{h_{\max}}{2}\right) &:= \boldsymbol{y}_{\text{app}}\left(\bar{t} + \frac{h_{\max}}{2}, \tilde{\varphi}\right) = \boldsymbol{y}_{\text{app}}(\bar{t}, \tilde{\varphi}) - \\ &- \left(\frac{1}{\frac{h_{\max}}{2}}\boldsymbol{I}_n + \nabla^2 f(\boldsymbol{y}_{\text{app}}(\bar{t}, \tilde{\varphi}))\right)^{-1} \left(\nabla f(\boldsymbol{y}_{\text{app}}(\bar{t}, \tilde{\varphi})) - \frac{\varepsilon}{\sqrt{\frac{h_{\max}}{2}}} \begin{pmatrix} p_1 \\ \vdots \\ p_n \end{pmatrix}\right), \end{aligned}$$

$$\begin{aligned} \tilde{\boldsymbol{y}}^1(\bar{t} + h_{\max}) &:= \boldsymbol{y}^1_{\text{app}}(\bar{t} + h_{\max}, \tilde{\varphi}) = \tilde{\boldsymbol{y}}\left(\bar{t} + \frac{h_{\max}}{2}\right) - \\ &- \left(\frac{1}{\frac{h_{\max}}{2}}\boldsymbol{I}_n + \nabla^2 f\left(\tilde{\boldsymbol{y}}\left(\bar{t} + \frac{h_{\max}}{2}\right)\right)\right)^{-1} \left(\nabla f\left(\tilde{\boldsymbol{y}}\left(\bar{t} + \frac{h_{\max}}{2}\right)\right) - \frac{\varepsilon}{\sqrt{\frac{h_{\max}}{2}}} \begin{pmatrix} q_1 \\ \vdots \\ q_n \end{pmatrix}\right), \end{aligned}$$

und

$$\begin{aligned} \tilde{\boldsymbol{y}}^2(\bar{t} + h_{\max}) &:= \boldsymbol{y}^2_{\text{app}}(\bar{t} + h_{\max}, \tilde{\varphi}) = \boldsymbol{y}_{\text{app}}(\bar{t}, \tilde{\varphi}) - \\ &- \left(\frac{1}{h_{\max}}\boldsymbol{I}_n + \nabla^2 f\left(\boldsymbol{y}_{\text{app}}(\bar{t}, \tilde{\varphi})\right)\right)^{-1} \left(\nabla f\left(\boldsymbol{y}_{\text{app}}(\bar{t}, \tilde{\varphi})\right) - \frac{\varepsilon}{\sqrt{2h_{\max}}} \begin{pmatrix} p_1 + q_1 \\ \vdots \\ p_n + q_n \end{pmatrix}\right). \end{aligned}$$

Abb. 4.1 Schrittweitensteuerung

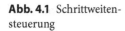

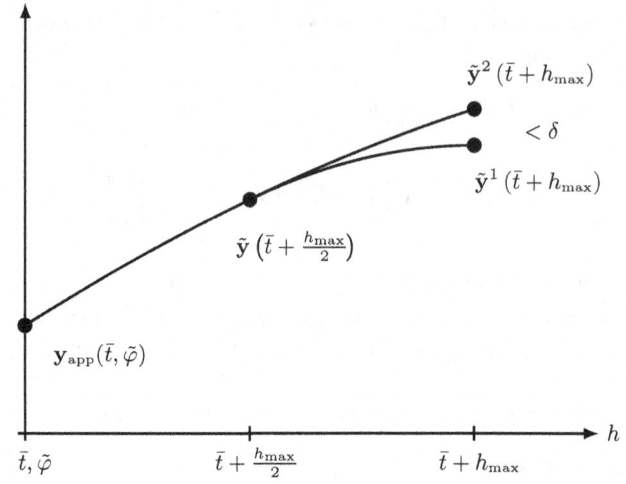

Die Vektoren $\tilde{\mathbf{y}}^1\,(\bar{t}+h_{\max})$ und $\tilde{\mathbf{y}}^2\,(\bar{t}+h_{\max})$ repräsentieren zwei numerische Approximationen des Vektors $\mathbf{Y}_\varepsilon(\bar{t}+h_{\max},\tilde{\varphi})$. Die Approximation $\tilde{\mathbf{y}}^1\,(\bar{t}+h_{\max})$ wird dabei durch zwei $\frac{h_{\max}}{2}$-Schritte startend bei $\mathbf{y}_{\text{app}}(\bar{t},\tilde{\varphi})$ und unter Verwendung von Pseudozufallszahlen $p_1,\dots,p_n$ für den ersten Schritt und $q_1,\dots,q_n$ für den zweiten Schritt berechnet.

Die Approximation $\tilde{\mathbf{y}}^2\,(\bar{t}+h_{\max})$ wird durch einen $h_{\max}$-Schritt startend bei $\mathbf{y}_{\text{app}}(\bar{t},\tilde{\varphi})$ unter Verwendung der Pseudozufallszahlen $p_1,\dots,p_n$ und $q_1,\dots,q_n$ berechnet. Diese spezielle Vorgehensweise ist notwendig, um verschiedene Approximationen des selben Pfades zu berechnen. Mit einem vorgegebenen $\delta > 0$ wird $\tilde{\mathbf{y}}^1\,(\bar{t}+h_{\max})$ als numerische Approximation von $\mathbf{Y}_\varepsilon(\bar{t}+h_{\max},\tilde{\varphi})$ akzeptiert, falls

$$\|\tilde{\mathbf{y}}^1\,(\bar{t}+h_{\max}) - \tilde{\mathbf{y}}^2\,(\bar{t}+h_{\max})\,\|_2 < \delta\,.$$

Ansonsten wird die Vorgehensweise mit $h = \frac{h_{\max}}{2}$ wiederholt.

Der folgende Algorithmus beschreibt das semi-implizite Eulerverfahren zur numerischen Approximation von

$$\mathbf{Y}_\varepsilon(\bullet,\tilde{\varphi}) : [0,\infty) \to \mathbb{R}^n,\, t \mapsto \mathbf{Y}_\varepsilon(t,\tilde{\varphi})\,,$$

wobei $\mathbf{L}$ eine untere Dreiecksmatrix bezeichnet.

Die Wahl $\delta = 0{,}1$ hat sich dabei bewährt.

Schritt 0: (Initialisierung)

Wähle $\mathbf{y}_0 \in \mathbb{R}^n$ und $\varepsilon, \delta > 0$.

Wähle maxit $\in \mathbb{N}$.

$j := 0$.

Gehe zu Schritt 1.

Schritt 1: (Ableitungen)

$h := 1$.
Berechne $\nabla f(\boldsymbol{y}_j)$, $\nabla^2 f(\boldsymbol{y}_j)$.
Gehe zu Schritt 2.

Schritt 2: (Pseudozufallszahlen)

Berechne $2n$ stochastisch unabhängige $\mathcal{N}(0,1)$-normalverteilte Pseudozufallszahlen $p_1, \dots p_n, q_1, \dots, q_n \in \mathbb{R}$.
Gehe zu Schritt 3.

Schritt 3: (Cholesky-Zerlegung)

Falls $(\frac{1}{h}\boldsymbol{I}_n + \nabla^2 f(\boldsymbol{y}_j)) \in \mathbb{R}^{n,n}$ positiv definit ist,
dann
Berechne $\boldsymbol{L} \in \mathbb{R}^{n,n}$ derart, dass:
$\boldsymbol{L}\boldsymbol{L}^\top = \left(\frac{1}{h}\boldsymbol{I}_n + \nabla^2 f\left(\boldsymbol{y}_j\right)\right)$ (Cholesky).
Gehe zu Schritt 4.
sonst
$h := \frac{h}{2}$.
Gehe zu Schritt 3.

Schritt 4: (Berechnung von $\boldsymbol{y}^2_{j+1}$ durch einen h-Schritt)

Berechne $\boldsymbol{y}^2_{j+1}$ durch Lösen von

$$\boldsymbol{L}\boldsymbol{L}^\top \boldsymbol{y}^2_{j+1} = \left(\nabla f\left(\boldsymbol{y}_j\right) - \frac{\varepsilon}{\sqrt{2h}}\begin{pmatrix} p_1 + q_1 \\ \vdots \\ p_n + q_n \end{pmatrix}\right).$$

$\boldsymbol{y}^2_{j+1} := \boldsymbol{y}_j - \boldsymbol{y}^2_{j+1}$.
Gehe zu Schritt 5.

Schritt 5: (Cholesky-Zerlegung)

Berechne $\boldsymbol{L} \in \mathbb{R}^{n,n}$ derart, dass:
$\boldsymbol{L}\boldsymbol{L}^\top = \left(\frac{2}{h}\boldsymbol{I}_n + \nabla^2 f\left(\boldsymbol{y}_j\right)\right)$.
Gehe zu Schritt 6.

Schritt 6: (Berechnung von $\boldsymbol{y}_{\frac{h}{2}}$)

Berechne $\boldsymbol{y}_{\frac{h}{2}}$ durch Lösen von

$$\boldsymbol{L}\boldsymbol{L}^\top \boldsymbol{y}_{\frac{h}{2}} = \left(\nabla f\left(\boldsymbol{y}_j\right) - \frac{\varepsilon}{\sqrt{\frac{h}{2}}}\begin{pmatrix} p_1 \\ \vdots \\ p_n \end{pmatrix}\right).$$

$\boldsymbol{y}_{\frac{h}{2}} := \boldsymbol{y}_j - \boldsymbol{y}_{\frac{h}{2}}$.
Gehe zu Schritt 7.

Schritt 7: (Ableitungen)

Berechne $\nabla f(\boldsymbol{y}_{\frac{h}{2}}), \nabla^2 f(\boldsymbol{y}_{\frac{h}{2}})$.
Gehe zu Schritt 8.

Schritt 8: (Cholesky-Zerlegung)

Falls $\left(\frac{2}{h}\boldsymbol{I}_n + \nabla^2 f\left(\boldsymbol{y}_{\frac{h}{2}}\right)\right) \in \mathbb{R}^{n,n}$ positiv definit ist,
dann
Berechne $\boldsymbol{L} \in \mathbb{R}^{n,n}$ derart, dass:
$\boldsymbol{L}\boldsymbol{L}^\top = \left(\frac{2}{h}\boldsymbol{I}_n + \nabla^2 f\left(\boldsymbol{y}_{\frac{h}{2}}\right)\right)$ (Cholesky).
Gehe zu Schritt 9.
sonst
$h := \frac{h}{2}$.
Gehe zu Schritt 3.

Schritt 9: (Berechnung von $\boldsymbol{y}^1_{j+1}$ durch zwei $\frac{h}{2}$-Schritte)

Berechne $\boldsymbol{y}^1_{j+1}$ durch Lösen von

$$\boldsymbol{L}\boldsymbol{L}^\top \boldsymbol{y}^1_{j+1} = \left(\nabla f\left(\boldsymbol{y}_{\frac{h}{2}}\right) - \frac{\varepsilon}{\sqrt{\frac{h}{2}}}\begin{pmatrix} q_1 \\ \vdots \\ q_n \end{pmatrix}\right).$$

$\boldsymbol{y}^1_{j+1} := \boldsymbol{y}_{\frac{h}{2}} - \boldsymbol{y}^1_{j+1}$.
Gehe zu Schritt 10.

Schritt 10: (Akzeptanzbedingung)

Falls $\|\boldsymbol{y}^1_{j+1} - \boldsymbol{y}^2_{j+1}\|_2 < \delta$,
dann
$\boldsymbol{y}_{j+1} := \boldsymbol{y}^1_{j+1}$.
Gehe zu Schritt 11.
sonst
$h := \frac{h}{2}$.
Gehe zu Schritt 3.

Schritt 11: (Abbruchbedingung)

Falls $j + 1 < \text{maxit}$,
dann
$j := j + 1$.
Gehe zu Schritt 1.
sonst
STOP.

Der Punkt

$$\boldsymbol{y}_s \in \{\boldsymbol{y}_0, \boldsymbol{y}_1, \ldots, \boldsymbol{y}_{\text{maxit}}\}$$

mit dem kleinsten Funktionswert wird als Startpunkt einer lokalen Minimierung verwendet.

Da dieser Algorithmus $\mathcal{N}(0,1)$-normalverteilte Pseudozufallszahlen benötigt, soll nun die grundsätzliche Vorgehensweise erläutert werden, wie man diese Pseudozufallszahlen auf dem Rechner erzeugen kann. Zu diesem Zweck beginnen wir mit Gleichverteilungen. Seien $\mathbb{M}$ eine nichtleere endliche Menge und $(\Omega, \mathcal{S}, \mathbb{P})$ ein Wahrscheinlichkeitsraum. Unter Verwendung des Messraumes $(\mathbb{M}, \mathcal{P}(\mathbb{M}))$, wobei $\mathcal{P}(\mathbb{M})$ wieder die Potenzmenge von $\mathbb{M}$ darstellt, betrachten wir Zufallsvariablen

$$Z_i : \Omega \to \mathbb{M}, \quad i \in \{1, \ldots, |\mathbb{M}|\} \quad (|\mathbb{M}| \text{ Mächtigkeit von } \mathbb{M}),$$

mit

- $\mathbb{P}_{Z_i}(\{x\}) = \frac{1}{|\mathbb{M}|}$ für alle $x \in \mathbb{M}$, $i \in \{1, \ldots, |\mathbb{M}|\}$ (Gleichverteilung auf $\mathbb{M}$).
- Die Zufallsvariablen $Z_1, \ldots, Z_{|\mathbb{M}|}$ sind stochastisch unabhängig.

Sei nun $\hat{\omega} \in \Omega$ das Ergebnis des Zufallsexperiments gegeben durch $(\Omega, \mathcal{S}, \mathbb{P})$, dann wollen wir nun eine Folge $\{x_i\}_{i \in \mathbb{N}}$ mit Elementen aus $\mathbb{M}$ algorithmisch derart konstruieren, dass

$$x_{j \cdot |\mathbb{M}| + i} = Z_i(\hat{\omega}) \quad \text{für alle} \quad i = 1, \ldots, |\mathbb{M}|, \quad j \in \mathbb{N}_0 .$$

Das $|\mathbb{M}|$-Tupel $(x_1, \ldots, x_{|\mathbb{M}|})$ wird als **Realisierung** von $(Z_1, \ldots, Z_{|\mathbb{M}|})$ bezeichnet. Zu diesem Zweck betrachten wir eine surjektive Funktion

$$s : \mathbb{M} \to \mathbb{M}$$

und berechnen $\{x_n\}_{n \in \mathbb{N}}$ durch

$$x_n = s^{(n-1)}(x_1) := s(s^{(n-2)}(x_1)) \quad \text{mit} \quad s^{(0)}(x_1) := x_1 ,$$

wobei $x_1 \in \mathbb{M}$ einen beliebig gewählten Startpunkt darstellt, der als *Seed* bezeichnet wird. Da $|\mathbb{M}| < \infty$, erhalten wir eine periodische Folge $\{x_n\}_{n \in \mathbb{N}}$ mit kleinster Periode $p \in \mathbb{N}$. Die kleinste Periode von $\{x_n\}_{n \in \mathbb{N}}$ wird als *Zyklenlänge* von $\{x_n\}_{n \in \mathbb{N}}$ bezeichnet. Nun untersuchen wir mehrere Varianten für die Wahl von $\mathbb{M}$; zu diesem Zweck wählen wir drei ganze Zahlen a, b und $m > 0$ und definieren eine Äquivalenzrelation $R_m \subseteq \mathbb{Z} \times \mathbb{Z}$ durch

$$\begin{aligned} a \equiv_m b :\Longleftrightarrow (a, b) \in R_m :&\Longleftrightarrow \\ :&\Longleftrightarrow \quad \text{es existiert eine ganze Zahl } d \text{ mit} \quad a - b = dm . \end{aligned}$$

Ist $a \equiv_m b$, dann heißt a **kongruent zu** b **modulo** m. Die natürliche Zahl m wird als **Modulus** von R_m bezeichnet. Für jedes $m > 0$ besitzt jede Äquivalenzklasse (auch als **Restklasse** bezeichnet) von R_m genau einen Repräsentanten r mit

$$0 \leq r \leq m - 1 .$$

Die Menge aller Restklassen wird mit

$$\mathbb{Z}/m\mathbb{Z} := \{[0], \ldots, [m-1]\}$$

bezeichnet, wobei $[i]$ die Restklasse mit $i \in [i]$, $i = 0, \ldots, m-1$ darstellt. Ist $a \equiv_m \alpha$ und $b \equiv_m \beta$, dann erhalten wir $(a+b) \equiv_m (\alpha + \beta)$ und $ab \equiv_m \alpha\beta$. Somit existieren wohldefinierte Operatoren

$$\begin{aligned} \boxplus : \mathbb{Z}/m\mathbb{Z} \times \mathbb{Z}/m\mathbb{Z} &\to \mathbb{Z}/m\mathbb{Z}, \\ ([r_1],[r_2]) &\mapsto [r_1] \boxplus [r_2] := [r_3] \quad \text{derart, dass} \quad r_1 + r_2 \in [r_3] \end{aligned}$$

und

$$\begin{aligned} \boxdot : \mathbb{Z}/m\mathbb{Z} \times \mathbb{Z}/m\mathbb{Z} &\to \mathbb{Z}/m\mathbb{Z} \\ ([r_1],[r_2]) &\mapsto [r_1] \boxdot [r_2] := [r_4] \quad \text{derart, dass} \quad r_1 \cdot r_2 \in [r_4]. \end{aligned}$$

Das Tripel $(\mathbb{Z}/m\mathbb{Z}, \boxplus, \boxdot)$ bildet einen kommutativen Ring.

Mit $\mathbb{M} = \mathbb{Z}/m\mathbb{Z}$ wählen wir $[x_1], [a], [b] \in \mathbb{Z}/m\mathbb{Z}$ und untersuchen die Folge $\{f^{(n-1)}([x_1])\}_{n\in\mathbb{N}}$ definiert durch

$$f : \mathbb{Z}/m\mathbb{Z} \to \mathbb{Z}/m\mathbb{Z}, \quad [x] \mapsto ([a] \boxdot [x]) \boxplus [b].$$

Die Funktion f ist surjektiv (und damit bijektiv) falls ein $[a]^{-1} \in \mathbb{Z}/m\mathbb{Z}$ mit $[a]^{-1} \boxdot [a] = [1]$ existiert; dies ist äquivalent zu $g.c.d.(a,m) = 1$ (siehe etwa [Kob94]), wobei die Funktion

$$g.c.d. : \mathbb{Z} \times \mathbb{Z} \to \mathbb{N}$$

den **größten gemeinsamen Teiler** berechnet. Interessant sind nun strengere Bedingungen an a, b, so dass $\{f^{(n-1)}([x_1])\}_{n\in\mathbb{N}}$ für alle $[x_1] \in \mathbb{Z}/m\mathbb{Z}$ die maximale Zyklenlänge $s = m$ besitzt. Aus [Knu97] ist für $m \geq 2$ das folgende Resultat bekannt:

Unter Verwendung der Funktion

$$f : \mathbb{Z}/m\mathbb{Z} \to \mathbb{Z}/m\mathbb{Z}, \quad [x] \mapsto ([a] \boxdot [x]) \boxplus [b]$$

besitzt die Folge $\{f^{(n-1)}([x_1])\}_{n\in\mathbb{N}}$ die maximale Zyklenlänge m für alle $[x_1] \in \mathbb{Z}/m\mathbb{Z}$, falls die folgenden Bedingungen erfüllt sind:

- Wenn eine Primzahl p ein Teiler von m ist, dann ist p auch ein Teiler von $(a-1)$.
- Ist m durch 4 teilbar, dann ist 4 auch ein Teiler von $(a-1)$.
- $g.c.d.(b,m) = 1$.

Seien zum Beispiel $m = 16$, $a = 9$, $b = 1$ und $[x_1] = [0]$, dann erhalten wir die Folge

$$[0], [1], [10], [11], [4], [5], [14], [15], [8], [9], [2], [3], [12], [13], [6], [7], [0], \ldots$$

mit maximaler Zyklenlänge gleich 16. Unter Verwendung der Funktion

$$g : \mathbb{Z}/m\mathbb{Z} \to \mathbb{Z}, \quad [i] \mapsto i$$

kann jede Folge $\{f^{(n-1)}([x_1])\}_{n \in \mathbb{N}}$ in eine Folge $\{x_n\}_{n \in \mathbb{N}}$ reeller Zahlen im Einheitsintervall durch

$$x_n = \frac{g(f^{(n-1)}([x_1]))}{m-1}, \quad n \in \mathbb{N},$$

transformiert werden. Das obige Beispiel führt auf

$$0, \frac{1}{15}, \frac{10}{15}, \frac{11}{15}, \frac{4}{15}, \frac{5}{15}, \frac{14}{15}, 1, \frac{8}{15}, \frac{9}{15}, \frac{2}{15}, \frac{3}{15}, \frac{12}{15}, \frac{13}{15}, \frac{6}{15}, \frac{7}{15}, 0, \ldots .$$

Zufallsgeneratoren der Form

$$x_n = \frac{g(f^{(n-1)}([x_1]))}{m-1}, \quad n \in \mathbb{N},$$

mit

$$f : \mathbb{Z}/m\mathbb{Z} \to \mathbb{Z}/m\mathbb{Z}, \quad [x] \mapsto ([a] \boxdot [x]) \boxplus [b]$$

werden als lineare Kongruenzgeneratoren bezeichnet.

Die Qualität dieser Generatoren, die durch statistische Testverfahren bezüglich der geforderten Verteilung und der stochastischen Unabhängigkeit gemessen wird, hängt von der Wahl von a, b und m ab. Die folgende Liste von Konstanten ist [Pre.etal88] entnommen und ist nach der Anzahl notwendiger Bits zur Darstellung von $\{g([x_1])\}_{n \in \mathbb{N}}$ sortiert. Jedes Tripel (a, b, m) erfüllt die obigen Bedingungen für die maximale Zyklenlänge.

Anzahl der Bits	a	b	m
20	106	1283	6075
21	211	1663	7875
22	421	1663	7875
23	430	2531	11.979
23	936	1399	6655
23	1366	1283	6075
24	171	11.213	53.125

Anzahl der Bits	*a*	*b*	*m*
24	859	2531	11.979
24	419	6173	29.282
24	967	3041	14.406
25	141	28.411	134.456
25	625	6571	31.104
25	1541	2957	14.000
25	1741	2731	12.960
25	1291	4621	21.870
25	205	29.573	139.968
26	421	17.117	81.000
26	1255	6173	29.282
26	281	28.411	134.456
27	1093	18.257	86.436
27	421	54.773	259.200
27	1021	24.631	116.640
27	1021	25.673	121.500
28	1277	24.749	117.128
28	741	66.037	312.500
28	2041	25.673	121.500
29	2311	25.367	120.050
29	1807	45.289	214.326
29	1597	51.749	244.944
29	1861	49.297	233.280
29	2661	36.979	175.000
29	4081	25.673	121.500
29	3661	30.809	145.800
30	3877	29.573	139.968
30	3613	45.289	214.326
30	1366	150.889	714.025
31	8121	28.411	134.456
31	4561	51.349	243.000
31	7141	54.773	259.200
32	9301	49.297	233.280
32	4096	150.889	714.025
33	2416	374.441	1771.875
34	17.221	107.839	510.300
34	36.261	66.037	312.500
35	84.589	45.989	217.728

Für die in diesem Buch relevanten Verfahren benötigen wir Pseudozufallszahlen, welche Realisierungen stochastisch unabhängiger, $\mathcal{N}(0,1)$-normalverteilter Zufallsvariablen approximieren. Bis jetzt sind wir in der Lage, Realisierungen stochastisch unabhängiger, $[0,1]$-gleichverteilter Zufallsvariablen zu approximieren. Seien (u_1, u_2) Realisierungen zweier stochastisch unabhängiger, $[0,1]$-gleichverteilter Zufallsvariablen und sei

$$0 < (2u_1 - 1)^2 + (2u_2 - 1)^2 \leq 1,$$

dann repräsentiert das Tupel (z_1, z_2) gegeben durch

$$z_1 := (2u_1 - 1)\sqrt{\frac{-2\ln\left((2u_1-1)^2 + (2u_2-1)^2\right)}{(2u_1-1)^2 + (2u_2-1)^2}}$$

$$z_2 := (2u_2 - 1)\sqrt{\frac{-2\ln\left((2u_1-1)^2 + (2u_2-1)^2\right)}{(2u_1-1)^2 + (2u_2-1)^2}}$$

Realisierungen zweier stochastisch unabhängiger, $\mathcal{N}(0,1)$-normalverteilter Zufallsvariablen (Z_1, Z_2) (siehe [MarBra64]). Somit erhalten wir folgenden Algorithmus:

Schritt 0: (Initialisierung)
$i := 1$.
$j := 1$.
Wähle a, b, m gemäß obiger Tabelle mit geradem m.
Wähle $[x_1] \in \mathbb{Z}/m\mathbb{Z}$.
Gehe zu Schritt 1.

Schritt 1: (Berechnung von $[x_2]$)
Berechne $[x_2] := ([a] \boxdot [x_1]) \boxplus [b]$.
Gehe zu Schritt 2.

Schritt 2: ($[0,1]$-gleichverteilte Pseudozufallszahlen)
Berechne $u_1 := \frac{g([x_1])}{m-1}$.
Berechne $u_2 := \frac{g([x_2])}{m-1}$.
Gehe zu Schritt 3.

Schritt 3: ($\mathcal{N}(0,1)$-normalverteilte Pseudozufallszahlen)
Falls $0 < (2u_1 - 1)^2 + (2u_2 - 1)^2 \leq 1$,
dann
Berechne $z_1 := (2u_1 - 1)\sqrt{\frac{-2\ln((2u_1-1)^2+(2u_2-1)^2)}{(2u_1-1)^2+(2u_2-1)^2}}$.
Berechne $z_2 := (2u_2 - 1)\sqrt{\frac{-2\ln((2u_1-1)^2+(2u_2-1)^2)}{(2u_1-1)^2+(2u_2-1)^2}}$.
$i := i + 2$.

$j := j + 2$.
Gehe zu Schritt 4.
sonst
$j := j + 2$.
Gehe zu Schritt 4.

Schritt 4: (Berechnung von $[x_j], [x_{j+1}]$)
Falls $j > m$
dann
STOP.
sonst
Berechne $[x_j] := ([a] \boxdot [x_{j-1}]) \boxplus [b]$.
Berechne $[x_{j+1}] := ([a] \boxdot [x_j]) \boxplus [b]$.
Gehe zu Schritt 5.

Schritt 5: ($[0,1]$-gleichverteilte Pseudozufallszahlen)
Berechne $u_j := \frac{g([x_j])}{m-1}$.
Berechne $u_{j+1} := \frac{g([x_{j+1}])}{m-1}$.
Gehe zu Schritt 6.

Schritt 6: ($\mathcal{N}(0,1)$-normalverteilte Pseudozufallszahlen)
Falls $0 < (2u_j - 1)^2 + (2u_{j+1} - 1)^2 \le 1$,
dann
Berechne $z_i := (2u_j - 1)\sqrt{\frac{-2\ln\left((2u_j-1)^2+(2u_{j+1}-1)^2\right)}{(2u_j-1)^2+(2u_{j+1}-1)^2}}$.
Berechne $z_{i+1} := (2u_{j+1} - 1)\sqrt{\frac{-2\ln\left((2u_j-1)^2+(2u_{j+1}-1)^2\right)}{(2u_j-1)^2+(2u_{j+1}-1)^2}}$.
$i := i + 2$.
$j := j + 2$.
Gehe zu Schritt 4.
sonst
$j := j + 2$.
Gehe zu Schritt 4.

4.2 Beispiele

Bei allen der folgenden Beispiele ist für jedes $\varepsilon > 0$ die Voraussetzung 3.5 erfüllt. Man kann also den Parameter ε dazu verwenden, einen zu berechnenden Pfad von

$$\boldsymbol{Y}_\varepsilon(t,\varphi) = \boldsymbol{y}_0 - \int_0^t \nabla f(\boldsymbol{Y}_\varepsilon(\tau,\varphi))\,\mathrm{d}\tau + \varepsilon\left(\boldsymbol{B}_t(\varphi) - \boldsymbol{B}_0(\varphi)\right), \quad t \in [0,\infty),$$

zwischen lokaler Minimierung repräsentiert durch den Term

$$\mathbf{y}_0 - \int_0^t \nabla f(\mathbf{Y}_\varepsilon(\tau, \varphi)) \, \mathrm{d}\tau$$

und normalverteilter Zufallssuche repräsentiert durch den Term

$$\mathbf{B}_t(\varphi) - \mathbf{B}_0(\varphi)$$

auszubalancieren (siehe Beispiel 4.1). Die ersten beiden Beispiele dienen dazu, die Eigenschaften des im letzten Abschnitt vorgestellten Verfahrens zu visualisieren.

Beispiel 4.1 Betrachten wir die globale Minimierung der Zielfunktion

$$f : \mathbb{R}^2 \to \mathbb{R}, \ \mathbf{x} \mapsto 6x_1^2 + 6x_2^2 - \cos 12x_1 - \cos 12x_2 + 2 \, .$$

Diese Funktion besitzt 25 isolierte Minimalstellen innerhalb des Quadrates $[-1, 1] \times [-1, 1]$ mit sechs verschiedenen Funktionswerten. Die eindeutige globale Minimalstelle liegt im Ursprung.

Der gewählte Startpunkt $(-1, 1)$ befindet sich in unmittelbarer Nähe zu einer lokalen Minimalstelle mit dem größten Funktionswert. Abbildung 4.2 zeigt die typischen Eigenschaften eines mit dem semi-impliziten Eulerverfahren approximierten Pfades des stochastischen Prozesses $\{\mathbf{Y}_\varepsilon(t, \bullet)\}_{t \geq 0}$, wobei 1500 Punkte mit $\varepsilon = 1$ berechnet wurden.

Die Funktionswerte an den berechneten Punkten und der approximierte Pfad von $\{\mathbf{Y}_1(t, \bullet)\}_{t \geq 0}$ in Zusammenhang mit den Höhenlinien von f werden in Abb. 4.3 und 4.4 dargestellt. Man kann erkennen, dass man sich nach ca. 500 berechneten Punkten in der Nähe der globalen Minimalstelle befindet. Bringt man die berechneten Punkte in Zusammenhang mit der Dichte

$$g_f : \mathbb{R}^2 \to \mathbb{R}, \ \mathbf{x} \mapsto \frac{\exp(-2f(\mathbf{x}))}{\int_{\mathbb{R}^n} \exp(-2f(\mathbf{x})) \, \mathrm{d}\mathbf{x}} (\varepsilon = 1) \, ,$$

so ergibt sich Abb. 4.5. Wählt man ε zu groß, so sind lokale Minimalstellen entlang des berechneten Pfades nicht erkennbar, wie Abb. 4.6 erkennen lässt. Wählt man ε zu klein, so kann es passieren, dass man sehr lange Zeit in der Nähe einer lokalen Minimalstelle steckenbleibt, wie Abb. 4.7 verdeutlicht. ◁

Beispiel 4.2 Nun betrachten wir ein Beispiel mit unendlich vielen lokalen Minimalstellen (vgl. Beispiel 3.2):

$$f : \mathbb{R}^2 \to \mathbb{R}, \ \mathbf{x} \mapsto \left(0{,}01 \cdot \|\mathbf{x}\|_2^2\right)^3 - 5 \cdot \left(0{,}01 \cdot \|\mathbf{x}\|_2^2\right)^2 + 0{,}07 \cdot \|\mathbf{x}\|_2^2 \, .$$

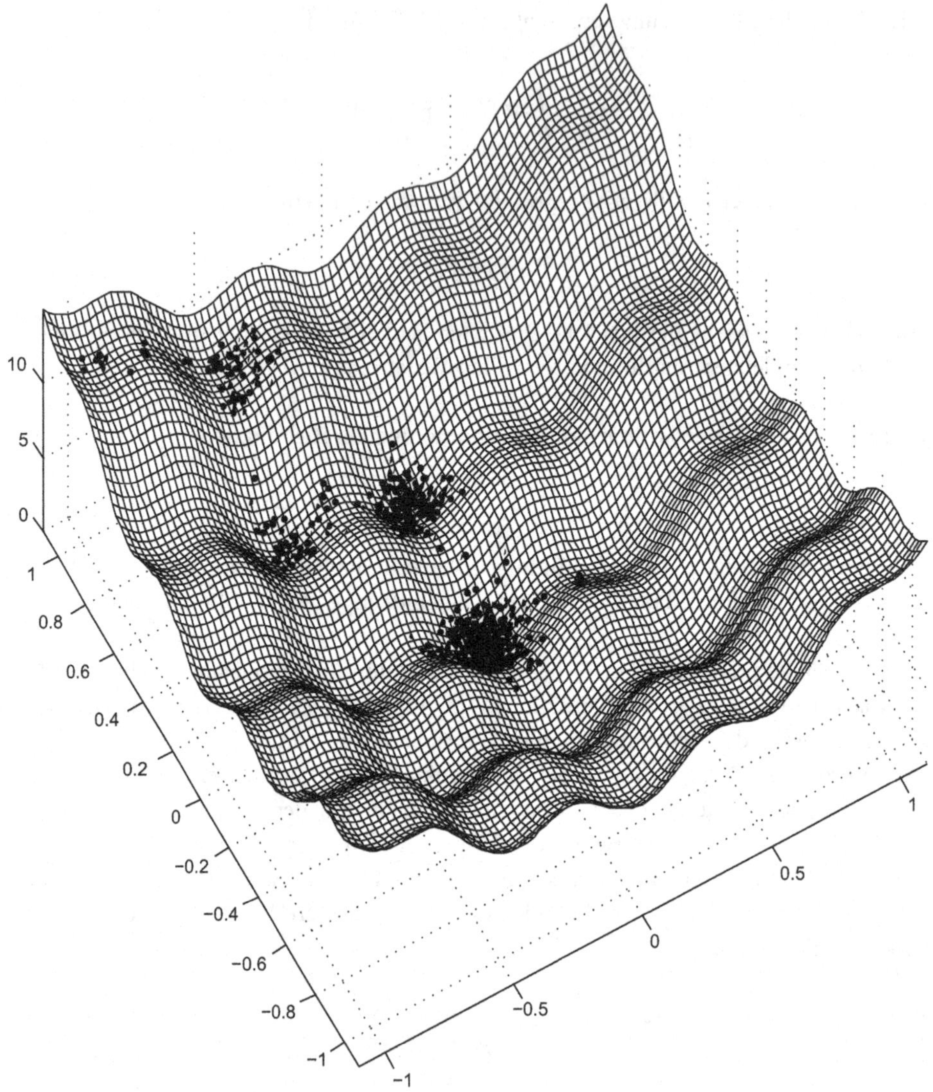

Abb. 4.2 Funktion und 1500 Punkte, Beispiel 4.1

Diese Funktion besitzt an jeder Stelle $\boldsymbol{x} \in \mathbb{R}^2$ mit

$$\|\boldsymbol{x}\|_2 = 10\sqrt{\frac{7}{3}}$$

eine lokale Minimalstelle mit konstantem Funktionswert ($\approx 1{,}815$) und die eindeutige globale Minimalstelle bei $\boldsymbol{x} = \boldsymbol{0}$. Der gewählte Startpunkt $\boldsymbol{y}_0$ befindet sich an einer lokalen

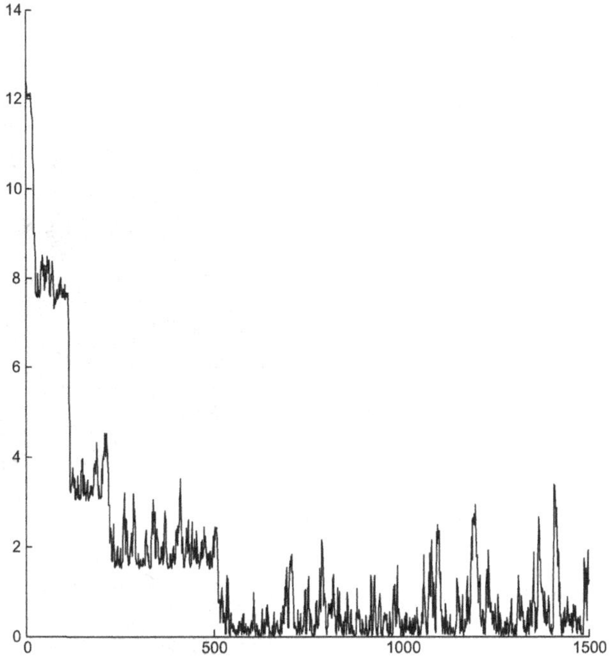

Abb. 4.3 Funktionswerte, 1500 Punkte, Beispiel 4.1

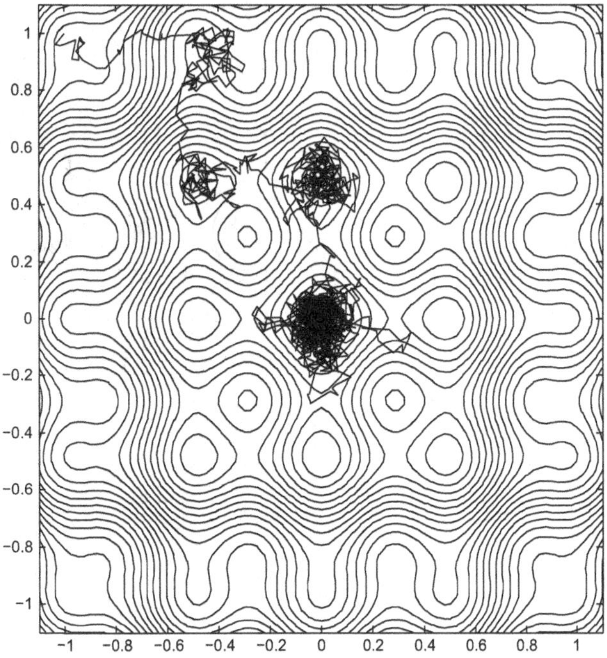

Abb. 4.4 Höhenlinien und Pfad, Beispiel 4.1

Abb. 4.5 Dichte und 1500 Punkte, Beispiel 4.1

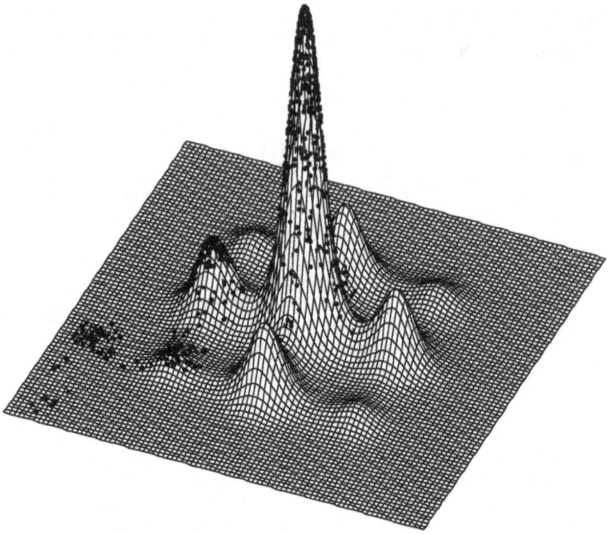

Abb. 4.6 Höhenlinien und 1500 Punkte mit zu großem ε, Beispiel 4.1

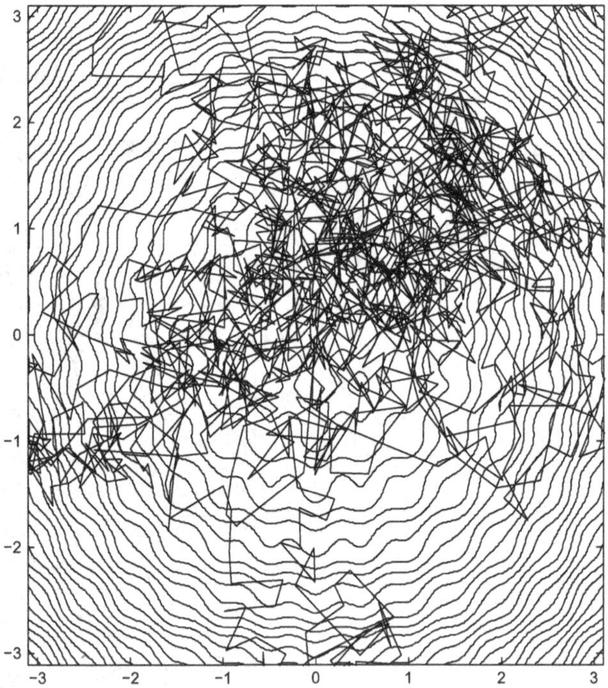

Abb. 4.7 Höhenlinien und 1500 Punkte mit zu kleinem ε, Beispiel 4.1

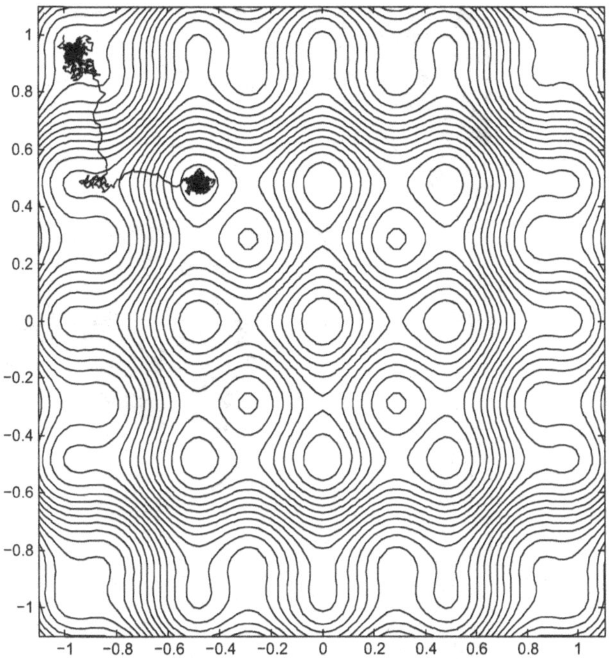

Abb. 4.8 Funktion, 20.000 Punkte, Beispiel 4.2

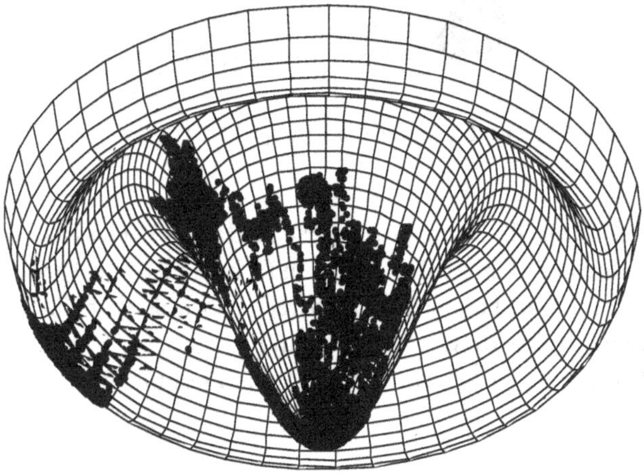

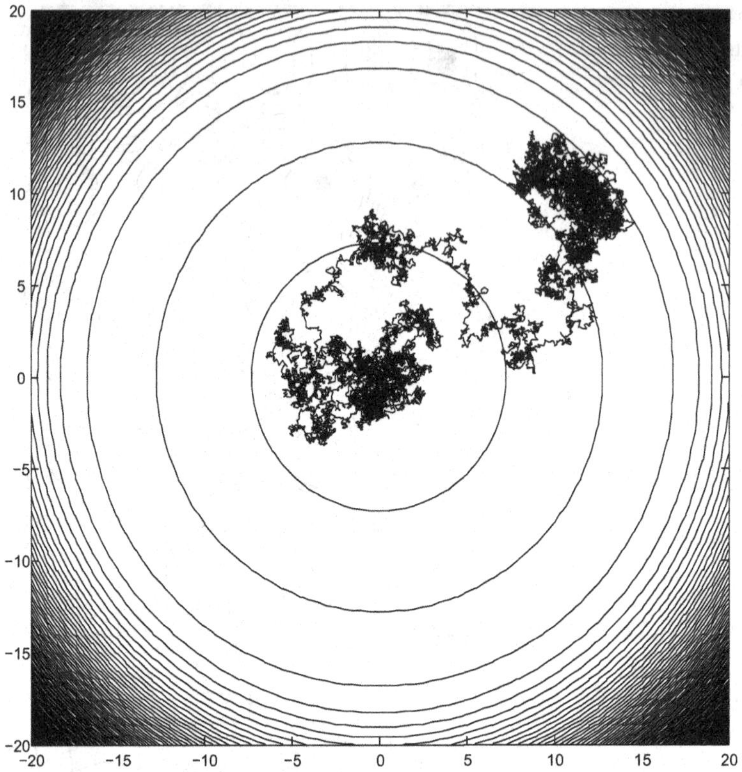

Abb. 4.9 Höhenlinien und Pfad, Beispiel 4.2

Minimalstelle. Der approximierte Pfad von $\{\boldsymbol{Y}_\varepsilon(t, \bullet)\}_{t \geq 0}$ zusammen mit der Zielfunktion f und in Zusammenhang mit den Höhenlinien von f wird in Abb. 4.8 bzw. 4.9 dargestellt, wobei 20.000 Punkte mit $\varepsilon = 1$ berechnet wurden. Abbildung 4.10 gibt für je 100 berechnete Punkte (also für $\boldsymbol{y}_0, \ldots, \boldsymbol{y}_{99}$; dann für $\boldsymbol{y}_1, \ldots, \boldsymbol{y}_{100}$ usw.) den kleinsten Funktionswert an. Bringt man die berechneten Punkte in Zusammenhang mit der Dichte

$$g_f : \mathbb{R}^2 \to \mathbb{R}, \boldsymbol{x} \mapsto \frac{\exp(-2f(\boldsymbol{x}))}{\int\limits_{\mathbb{R}^n} \exp(-2f(\boldsymbol{x}))\,\mathrm{d}\boldsymbol{x}} (\varepsilon = 1),$$

so ergibt sich Abb. 4.11. ◁

Das nun folgende Beispiel behandelt eines der wichtigsten Aufgaben der Kommunikationstechnik, die optimale Decodierung binärer Blockcodes. Details hierzu sind in [Schä97] und [Schä12] zu finden.

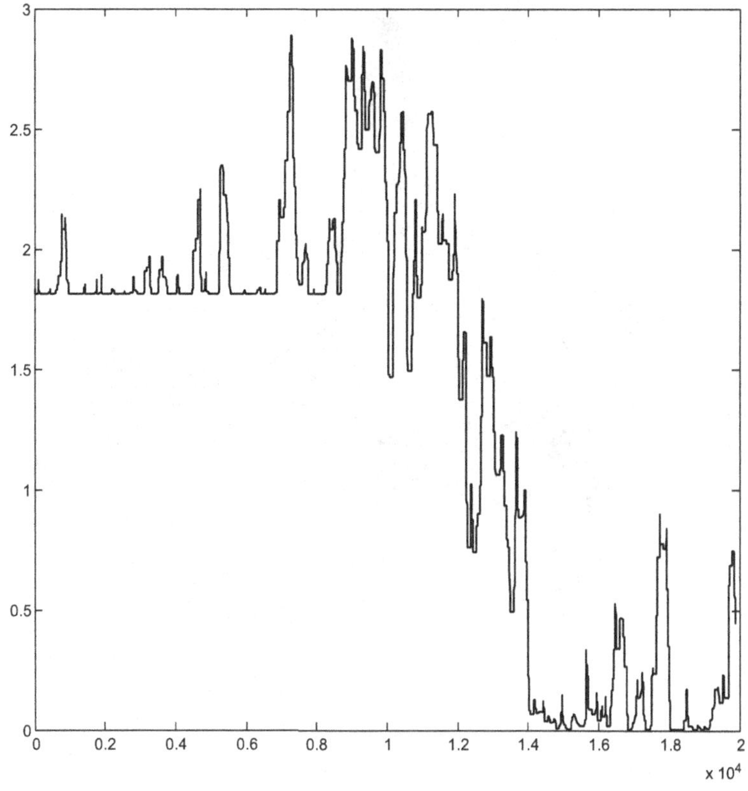

Abb. 4.10 Funktionswerte, 20.000 Punkte, Beispiel 4.2

Beispiel 4.3 In der digitalen Nachrichtentechnik wird die Übertragung von Nachrichten technisch durch die Übertragung von binären Vektoren

$$\boldsymbol{u} \in \{\pm 1\}^k$$

realisiert. Da diese Übertragung grundsätzlich durch Störungen überlagert ist, hat man dafür zu sorgen, die Wahrscheinlichkeit für den Empfang eines falschen Wertes von u_i, $i = 1, \ldots, k$, zu minimieren. Dies kann unter anderem durch das Hinzufügen von $n - k$ redundanten Bits zu den **Informationsbits u** $\in \{\pm 1\}^k$ bewerkstelligt werden. Daher wird ein Vektor $\boldsymbol{c} \in \mathcal{C} \subset \{\pm 1\}^n$ mit $c_i = u_i, i = 1, \ldots, k$, übertragen, wobei $\mathcal{C}$ die Menge aller Codewörter bezeichnet. Für die Wahl der zusätzlichen $n - k$ Komponenten verwendet man die algebraische Struktur von $\{\pm 1\}$ gegeben durch die kommutativen Operationen $\oplus$ und $\odot$ mit:

$$-1 \oplus -1 = +1$$

$$+1 \oplus +1 = +1$$

$$+1 \oplus -1 = -1$$

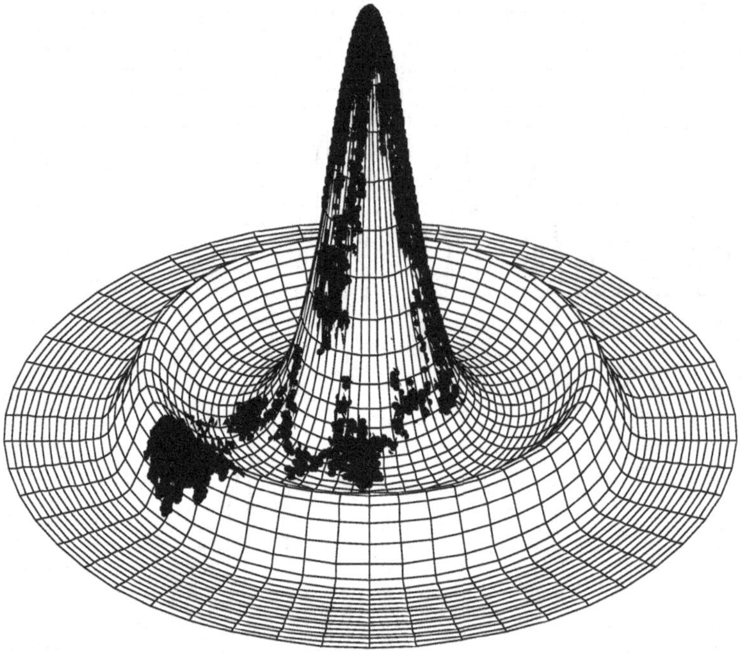

Abb. 4.11 Dichte und 20.000 Punkte, Beispiel 4.2

$$\begin{aligned} -1 \odot -1 &= -1 \\ +1 \odot -1 &= +1 \\ +1 \odot +1 &= +1 . \end{aligned}$$

Zu jedem $i \in \{k+1, \ldots, n\}$, wählt man eine Menge $J_i \subseteq \{1, \ldots, k\}$ und berechnet c_i durch

$$c_i = \bigoplus_{j \in J_i} u_j, \qquad i = k+1, \ldots, n .$$

Die optimale Wahl der positiven Zahl $(n-k)$ und der Mengen

$$J_{k+1}, \ldots, J_n \subseteq \{1, \ldots, k\}$$

wird im Rahmen der Kanalcodierung (siehe etwa [vanLint98]) behandelt. Betrachtet man zum Beispiel einen Hamming-Code mit $k = 4$, $n = 7$, $J_5 = \{2,3,4\}$, $J_6 = \{1,3,4\}$ und $J_7 = \{1,2,4\}$ so findet sich die Nachricht u_1 dreifach in einem Codewort $\boldsymbol{c} \in \mathcal{C}$:

(i) direkt in $c_1 = u_1$,
(ii) indirekt in $c_6 = u_1 \oplus u_3 \oplus u_4$,
(iii) indirekt in $c_7 = u_1 \oplus u_2 \oplus u_4$.

Die Nachricht u_2 befindet sich dreifach in einem Codewort $\boldsymbol{c} \in \mathcal{C}$:

(i) direkt in $c_2 = u_2$,
(ii) indirekt in $c_5 = u_2 \oplus u_3 \oplus u_4$,
(iii) indirekt in $c_7 = u_1 \oplus u_2 \oplus u_4$.

Die Nachricht u_3 befindet sich dreifach in einem Codewort $\boldsymbol{c} \in \mathcal{C}$:

(i) direkt in $c_3 = u_3$,
(ii) indirekt in $c_5 = u_2 \oplus u_3 \oplus u_4$,
(iii) indirekt in $c_6 = u_1 \oplus u_3 \oplus u_4$.

Schließlich befindet sich die Nachricht u_4 vierfach in einem Codewort $\boldsymbol{c} \in \mathcal{C}$:

(i) direkt in $c_4 = u_4$,
(ii) indirekt in $c_5 = u_2 \oplus u_3 \oplus u_4$,
(iii) indirekt in $c_6 = u_1 \oplus u_3 \oplus u_4$,
(iv) indirekt in $c_7 = u_1 \oplus u_2 \oplus u_4$.

Dieser Hamming-Code besteht somit aus den folgenden $|\mathcal{C}| = 16$ Codewörtern:

$$\begin{array}{ll}
+1+1+1+1|+1+1+1 & +1+1+1-1|-1-1-1 \\
+1+1-1+1|-1-1+1 & +1+1-1-1|+1+1-1 \\
+1-1+1+1|-1+1-1 & +1-1+1-1|+1-1+1 \\
+1-1-1+1|+1-1-1 & +1-1-1-1|-1+1+1 \\
-1+1+1+1|+1-1-1 & -1+1+1-1|-1+1+1. \\
-1+1-1+1|-1+1-1 & -1+1-1-1|+1-1+1 \\
-1-1+1+1|-1-1+1 & -1-1+1-1|+1+1-1 \\
-1-1-1+1|+1+1+1 & -1-1-1-1|-1-1-1
\end{array}$$

Ein Maß für den Abstand zwischen zwei Codewörtern ist zum Beispiel gegeben durch die Anzahl der Positionen, an denen sich zwei Codewörter unterscheiden. Dieses Abstandsmaß wird als Hamming-Abstand

$$d : \{\pm 1\}^n \times \{\pm 1\}^n \to \{0, \ldots, n\}$$

bezeichnet. Die **Minimaldistanz** $d_{\min}$ eines Codes ist definiert durch

$$d_{\min} := \min_{\boldsymbol{c}_i, \boldsymbol{c}_j \in \mathcal{C},\, \boldsymbol{c}_i \neq \boldsymbol{c}_j} \{d(\boldsymbol{c}_i, \boldsymbol{c}_j)\} .$$

Die Minimaldistanz unseres oben betrachteten Hamming-Codes ist $d_{\min} = 3$. Daher kann, wenn nur ein Fehler bei der Übertragung eines Codewortes $\boldsymbol{c} \in \mathcal{C}$ eintritt, dieser stets korrigiert werden. Ist nun Q die größte natürliche Zahl derart, dass

$$Q \leq \frac{d_{\min} - 1}{2},$$

dann können stets Q Fehler in einem Codewort korrigiert werden.

Die Übertragung eines binären Vektors $\boldsymbol{c} \in \mathcal{C}$ führt durch den Einfluss zufälliger Störungen zu einem Vektor $\boldsymbol{y} \in \mathbb{R}^n$ im Empfänger. Abhängig von den stochastischen Eigenschaften der Störung besteht das mathematische Problem nun in der Rekonstruktion der ersten k Elemente des Vektors $\boldsymbol{c}$ unter der Berücksichtigung, dass – wie oben gezeigt – die Nachrichten direkt und indirekt vorliegen. In der Nachrichtentechnik gibt es ein klassisches Kanalmodell, den sogenannten AWGN-Kanal (**A**dditive **W**hite **G**aussian **N**oise), der folgendermaßen definiert ist (siehe etwa [Proa95]):

Jede Komponente y_i des empfangenen Vektors $\boldsymbol{y} \in \mathbb{R}^n$ ist Realisierung einer $\mathcal{N}\left(c_i, \frac{n}{2k \cdot \text{SNR}}\right)$-normalverteilten Zufallsvariablen Y_i, wobei die Komponenten von $\boldsymbol{Y} = (Y_1, \ldots, Y_n)$ als stochastisch unabhängig angenommen werden. Die positive Konstante SNR (**S**ignal to **N**oise **R**atio) repräsentiert den Quotienten zwischen der Übertragungsenergie für ein einzelnes Bit und der Störungsenergie und ist ein Maß für die Übertragungskosten. Aus der Theorie der Quellencodierung wissen wir, dass wir basierend auf einem Wahrscheinlichkeitsraum $(\Omega, \mathcal{S}, \mathbb{P})$ den Vektor $\boldsymbol{u} \in \{\pm 1\}^k$ als Realisierung einer Zufallsvariablen

$$\boldsymbol{U} : \Omega \to \{\pm 1\}^k$$

mit folgenden Eigenschaften interpretieren können:

- Die Komponenten $U_1, \ldots, U_k$ von $\boldsymbol{U}$ sind stochastisch unabhängig,
- $\mathbb{P}(\{\omega \in \Omega;\ U_i(\omega) = +1\}) = \mathbb{P}(\{\omega \in \Omega;\ U_i(\omega) = -1\}) = \frac{1}{2}$ für alle $i = 1, \ldots, k$.

Es genügt im Allgemeinen nicht, die Werte von $\boldsymbol{u} \in \{\pm 1\}^k$ zu rekonstruieren (Decodierung); man benötigt auch eine Quantifizierung für die Verlässlichkeit dieser Rekonstruktion (Soft-Decodierung). Sei nun

$$L(i) := \ln\left(\frac{\mathbb{P}(\{\omega \in \Omega;\ U_i(\omega) = +1 | \boldsymbol{Y}(\omega) = \boldsymbol{y}\})}{\mathbb{P}(\{\omega \in \Omega;\ U_i(\omega) = -1 | \boldsymbol{Y}(\omega) = \boldsymbol{y}\})}\right), \quad i = 1, \ldots, k,$$

wobei

$$\mathbb{P}(\{\omega \in \Omega;\ U_i(\omega) = +1 | \boldsymbol{Y}(\omega) = \boldsymbol{y}\})$$

die Wahrscheinlichkeit für $U_i = +1$ darstellt unter der Bedingung, dass $\boldsymbol{y}$ empfangen wurde (analog für $\mathbb{P}(\{\omega \in \Omega;\ U_i(\omega) = -1 | \boldsymbol{Y}(\omega) = \boldsymbol{y}\})$), so folgt natürlich:

$$\begin{aligned} L(i) &> 0 \quad \text{führt zur Entscheidung} \quad u_i = +1\,, \\ L(i) &< 0 \quad \text{führt zur Entscheidung} \quad u_i = -1\,, \\ L(i) &= 0 \quad \text{keine Entscheidung möglich}\,, \end{aligned}$$

wobei die Quantifizierung für die Verlässlichkeit durch $|L(i)|$ gegeben ist. Eine mathematische Analyse zur numerischen Berechnung von

$$\boldsymbol{x} := \begin{pmatrix} L(1) \\ \vdots \\ L(k) \end{pmatrix}$$

wurde in [Schä97] und [Stu03] durchgeführt und führt auf ein globales Minimierungsproblem mit der Zielfunktion

$$\begin{aligned} f : \mathbb{R}^k \to \mathbb{R}, \boldsymbol{x} \mapsto & \sum_{i=1}^{k} \left(x_i - \frac{4k \cdot \mathrm{SNR}}{n} y_i \right)^2 + \\ & + \sum_{i=k+1}^{n} \left(\ln \left(\frac{1 + \prod\limits_{j \in J_i} \frac{\exp(x_j)-1}{\exp(x_j)+1}}{1 - \prod\limits_{j \in J_i} \frac{\exp(x_j)-1}{\exp(x_j)+1}} \right) - \frac{4k \cdot \mathrm{SNR}}{n} y_i \right)^2 . \end{aligned}$$

Die Zielfunktion f ist beliebig oft stetig differenzierbar und Voraussetzung 3.5 ist für alle $\varepsilon > 0$ erfüllt. In [Schä97] und [Schä12] wird eine wichtige Klasse von Codes, die BCH(n,k)-Codes (**B**ose-**C**haudhuri-**H**ocquenghem) untersucht (siehe [Proa95]). Die zu übertragenden Bits $\boldsymbol{u} \in \{\pm 1\}^k$ werden dabei zufällig gewählt. Die Übertragung selbst wird durch entsprechende normalverteilte Pseudozufallszahlen (mit fest gewähltem SNR, gemessen in [dB]) simuliert. Dabei werden zwei Decodiermethoden verglichen:

(i) **BM-Methode**: Der erste Schritt besteht in der Rundung der Komponenten des empfangenen Vektors $\boldsymbol{y} \in \mathbb{R}^n$:

$$\begin{aligned} \boldsymbol{y}_i > 0 &\Longrightarrow \bar{c}_i = +1\,, \quad i = 1, \ldots, n \\ \boldsymbol{y}_i < 0 &\Longrightarrow \bar{c}_i = -1\,, \quad i = 1, \ldots, n \\ \boldsymbol{y}_i = 0 &\Longrightarrow \text{zufällige Entscheidung}\,. \end{aligned}$$

Im zweiten Schritt wird ein Codewort $\boldsymbol{c} \in C$ des verwendeten BCH(n,k)-Codes mit Hamming-Abstand

$$d(\bar{\boldsymbol{c}}, \boldsymbol{c}) \le \frac{d_{\min} - 1}{2}$$

gesucht. Existiert dieses Codewort, so ist es stets eindeutig und $c_1, \ldots, c_k$ ist das Ergebnis der Decodierung. Existiert dieses Codewort nicht, gibt es keine Entscheidung. Die BM-Methode gehört immer noch zur Standard-Decodiermethode für diese Klasse von Codes.

(ii) **Globale Optimierung**: Die Anwendung des oben vorgestellten semi-impliziten Eulerverfahrens zur globalen Minimierung von

$$f : \mathbb{R}^k \to \mathbb{R}, \boldsymbol{x} \mapsto \sum_{i=1}^{k} \left(x_i - \frac{4k \cdot \text{SNR}}{n} y_i \right)^2 +$$

$$+ \sum_{i=k+1}^{n} \left(\ln \left(\frac{1 + \prod\limits_{j \in J_i} \frac{\exp(x_j)-1}{\exp(x_j)+1}}{1 - \prod\limits_{j \in J_i} \frac{\exp(x_j)-1}{\exp(x_j)+1}} \right) - \frac{4k \cdot \text{SNR}}{n} y_i \right)^2$$

führt auf eine globale Minimalstelle $\boldsymbol{x}_{\text{gl}}$:

$$\begin{aligned}
\boldsymbol{x}_{\text{gl},i} &> 0 \Longrightarrow u_i = +1, \quad i = 1, \ldots, k \\
\boldsymbol{x}_{\text{gl},i} &< 0 \Longrightarrow u_i = -1, \quad i = 1, \ldots, k \\
\boldsymbol{x}_{\text{gl},i} &= 0 \Longrightarrow \text{zufällige Entscheidung.}
\end{aligned}$$

Für die numerischen Beispiele blieb der Wert von SNR unverändert, bis mindestens 100 Decodierfehler, also falsch decodierte Bits, beobachtet wurden. Der Quotient

$$P_b := \frac{\text{Anzahl der Decodierfehler}}{\text{Anzahl der übertragenen Infobits}}$$

versus SNR ist in folgender Abb. 4.12 für den BCH(127,99)-Code angegeben. ◁

Nun betrachten wir ein Beispiel in 80 Variablen, das mit dem Eulerverfahren (also nur unter Verwendung von Gradienteninformation) numerisch behandelt wird.

Beispiel 4.4 Die folgende Zielfunktion

$$f : \mathbb{R}^{80} \to \mathbb{R}, \quad \boldsymbol{x} \mapsto 2 + 12x_{80}^2 - 2\cos(12x_{80}) + 720 \sum_{i=1}^{79} (x_i - \sin(\cos(x_{i+1}) - 1))^2$$

in 80 Variablen besitzt mindestens 5 isolierte Minimalstellen mit der globalen Minimalstelle $\boldsymbol{x} = \boldsymbol{0}$ und $f(\boldsymbol{x}) = 0$.

Startet man an der lokalen Minimalstelle mit dem größten Funktionswert und berechnet man 1500 Punkte mit dem Eulerverfahren ($\varepsilon = 2$), so kann man an Abb. 4.13 den Verlauf der Funktionswerte erkennen, wobei immer für 100 aufeinanderfolgende Punkte der kleinste Funktionswert angegeben wird (also für $\boldsymbol{y}_0, \ldots, \boldsymbol{y}_{99}$; dann für $\boldsymbol{y}_1, \ldots, \boldsymbol{y}_{100}$ usw.). Abbildung 4.14 zeigt jeweils den kleinsten bisher gefundenen Funktionswert. ◁

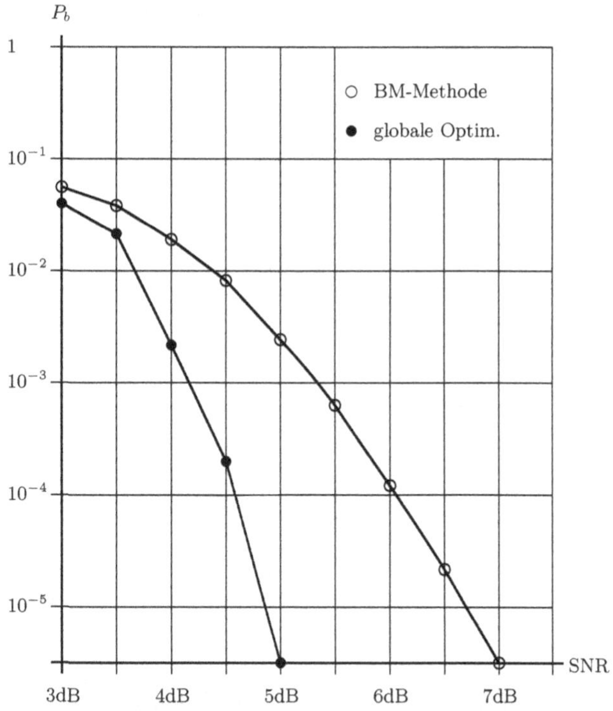

Abb. 4.12 Numerische Ergebnisse: BCH(127,99)-Code, $\boldsymbol{x} \in \mathbb{R}^{99}$

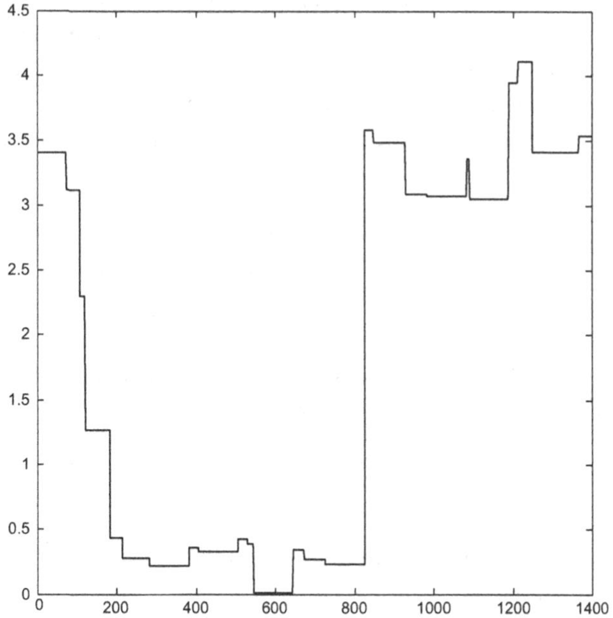

Abb. 4.13 Beispiel 4.4, Funktionswerte

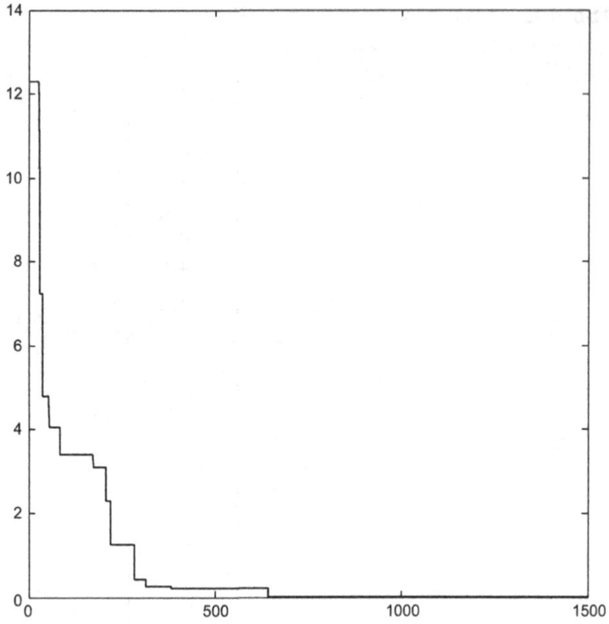

Abb. 4.14 Beispiel 4.4, kleinste Funktionswerte

Eine wichtige Anwendung der globalen Optimierung besteht in der numerischen Behandlung linearer Komplementaritätsprobleme (siehe [Cottle.etal92]). Diese Probleme spielen eine wichtige Rolle in der Spieltheorie, nämlich bei der Berechnung von Nash-Gleichgewichtspunkten (vgl. [Owen68] und [Schäfer08]) und in der numerischen Behandlung von freien Randwertproblemen (siehe etwa [Crank84] und [Has.etal05]):

Ausgehend von einem Vektor $\boldsymbol{c} \in \mathbb{R}^n$ und einer Matrix $\boldsymbol{C} \in \mathbb{R}^{n,n}$ ist ein Vektor $\boldsymbol{x} \in \mathbb{R}^n$ mit

$$\begin{aligned} (\boldsymbol{c} + \boldsymbol{C}\boldsymbol{x})^\top \boldsymbol{x} &= 0 \\ x_i &\geq 0 \quad i = 1, \ldots, n \qquad \text{(LCP)} \\ (\boldsymbol{c} + \boldsymbol{C}\boldsymbol{x})_i &\geq 0 \quad i = 1, \ldots, n \end{aligned}$$

gesucht. Probleme dieser Art können keine, endlich viele oder unendlich viele Lösungen besitzen. Unter der Verwendung der Funktion

$$P : \mathbb{R} \to \mathbb{R}, \qquad x \mapsto \begin{cases} x & \text{für} \quad x > 0 \\ 0 & \text{für} \quad x \leq 0 \end{cases}$$

könnte die erste Idee zur Lösung von (LCP) in der Untersuchung des globalen Minimierungsproblems

$$\min_{\boldsymbol{x}} \left\{ \boldsymbol{c}^\top \boldsymbol{x} + \boldsymbol{x}^\top \boldsymbol{C}\boldsymbol{x} + \mu \left(\sum_{i=1}^{n} (P(-x_i))^4 + \sum_{i=1}^{n} (P(-(\boldsymbol{c} + \boldsymbol{C}\boldsymbol{x})_i))^4 \right) \right\}$$

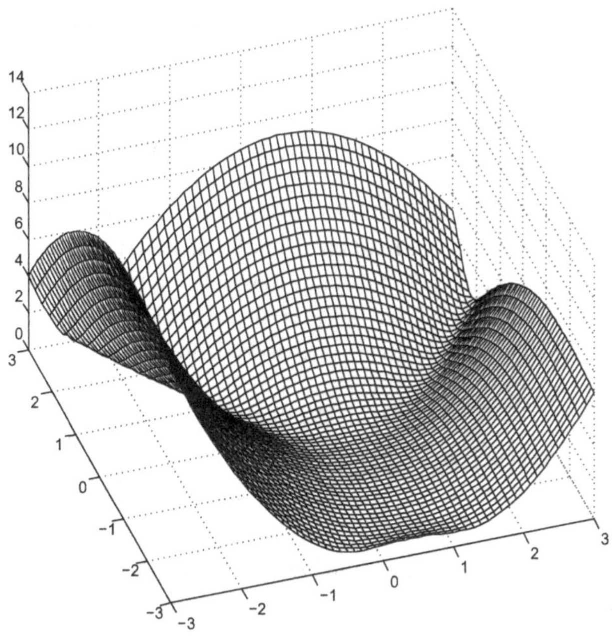

Abb. 4.15 Zielfunktion, lineares Komplementaritätsproblem

liegen, wobei $\mu > 0$ zu wählen ist. Leider ist die Zielfunktion

$$g : \mathbb{R}^n \to \mathbb{R}, \quad \boldsymbol{x} \mapsto \boldsymbol{c}^\top \boldsymbol{x} + \boldsymbol{x}^\top \boldsymbol{C}\boldsymbol{x} + \mu \left(\sum_{i=1}^{n} (P(-x_i))^4 + \sum_{i=1}^{n} (P(-(\boldsymbol{c} + \boldsymbol{C}\boldsymbol{x})_i))^4 \right)$$

im Allgemeinen nicht nach unten beschränkt. Daher wird in [Schä95] und [Schä12] die Zielfunktion

$$\begin{aligned} f : \mathbb{R}^n &\to \mathbb{R}, \\ \boldsymbol{x} &\mapsto \sqrt{1 + (\boldsymbol{c}^\top \boldsymbol{x} + \boldsymbol{x}^\top \boldsymbol{C}\boldsymbol{x})^2} - 1 + \\ &+ \mu \left(\sum_{i=1}^{n} (P(-x_i))^4 + \sum_{i=1}^{n} (P(-(\boldsymbol{c} + \boldsymbol{C}\boldsymbol{x})_i))^4 \right) \end{aligned}$$

verwendet, da für $\mu > 0$ folgende Eigenschaften gelten:

- $f(\boldsymbol{x}) \geq 0$ für alle $\boldsymbol{x} \in \mathbb{R}^n$,
- $\boldsymbol{x}^*$ ist eine Lösung von (LCP) genau dann, wenn $f(\boldsymbol{x}^*) = 0$.

Abbildung 4.15 zeigt für $n = 2$ den Graph einer Zielfunktion f resultierend aus einem linearen Komplementaritätsproblem mit unendlich vielen Lösungen.

Hat man nun durch globale Minimierung von f einen geeigneten Startpunkt berechnet, so kann man zum Beispiel mit der Methode von Best und Ritter ([BesRit88]) die lokalen

Minimierung des quadratischen Minimierungsproblems

$$\begin{aligned}\min_{\boldsymbol{x}}\{\boldsymbol{c}^\top \boldsymbol{x} + \boldsymbol{x}^\top \boldsymbol{C}\boldsymbol{x}; \quad & x_i \geq 0 \quad i = 1,\dots,n \\ & (\boldsymbol{c} + \boldsymbol{C}\boldsymbol{x})_i \geq 0 \quad i = 1,\dots,n\}\end{aligned}$$

bewerkstelligen. In [Schä12] werden so Beispiele mit bis zu 70 Variablen erfolgreich numerisch behandelt, während im „Handbook of Test Problems in Local and Global Optimization" ([Flo.etal99], Kap. 10) nur Beispiele mit bis zu 16 Variablen vorgestellt werden.

In [Bar97] wird das Eulerverfahren zur globalen Minimierung verwendet, wobei die Gradienten jetzt durch symmetrische Differenzen

$$\boldsymbol{D}f(\boldsymbol{y}(t,\tilde{\varphi})) = \begin{pmatrix} \frac{f(y(t,\tilde{\varphi})_1+\gamma,y(t,\tilde{\varphi})_2\dots,y(t,\tilde{\varphi})_n)-f(y(t,\tilde{\varphi})_1-\gamma,y(t,\tilde{\varphi})_2,\dots,y(t,\tilde{\varphi})_n)}{2\gamma} \\ \vdots \\ \frac{f(y(t,\tilde{\varphi})_1,\dots,y(t,\tilde{\varphi})_{n-1},y(t,\tilde{\varphi})_n+\gamma)-f(y(t,\tilde{\varphi})_1,\dots,y(t,\tilde{\varphi})_{n-1},y(t,\tilde{\varphi})_n-\gamma)}{2\gamma} \end{pmatrix}$$

approximiert werden; somit werden nur Funktionsauswertungen benötigt. Zur erfolgreichen globalen Minimierung der Zielfunktion

$$\begin{aligned}f : \mathbb{R}^{70} \to \mathbb{R}, \quad \boldsymbol{x} \mapsto\ & 1000\sum_{i=2}^{70}(x_i - \ln(x_{i-1}^2 + 1))^2 - 1 + \\ & + \sqrt{3 + 19x_1^2 - 2\cos(19x_1) - 19x_1^2\cos(19x_1) + 90{,}25x_1^4 - \sin^2(19x_1)}\end{aligned}$$

mit mindestens 7 isolierten Minimalstellen sind zum Beispiel etwa 400 000 Funktionsauswertungen nötig.

Minimierungsprobleme mit Nebenbedingungen 5

5.1 Der Penalty-Ansatz

Nun untersuchen wir globale Minimierungsprobleme der folgenden Art:

$$\begin{aligned}
&\min_{\boldsymbol{x}}\{f(\boldsymbol{x});\ h_i(\boldsymbol{x}) = 0\,, \quad i = 1,\ldots,m,\\
&\qquad\qquad h_i(\boldsymbol{x}) \le 0\,, \quad i = m+1,\ldots,m+k\}\,,\\
&f, h_i : \mathbb{R}^n \to \mathbb{R}\,, \qquad n \in \mathbb{N}\,, \quad m, k \in \mathbb{N}_0\,,\\
&f, h_i \in C^2(\mathbb{R}^n, \mathbb{R})\,, \qquad i = 1,\ldots,m+k\,.
\end{aligned}$$

Gesucht ist also mindestens eine Stelle

$$\begin{aligned}
\boldsymbol{x}_{\mathrm{gl}} \in R := \{\boldsymbol{x} \in \mathbb{R}^n\,;\ h_i(\boldsymbol{x}) &= 0\,, \quad i = 1,\ldots,m\,,\\
h_i(\boldsymbol{x}) &\le 0\,, \quad i = m+1,\ldots,m+k\}
\end{aligned}$$

mit:

$$f(\boldsymbol{x}) \ge f(\boldsymbol{x}_{\mathrm{gl}}) \quad \text{für alle} \quad \boldsymbol{x} \in R\,, \quad \text{wobei} \quad R \ne \emptyset \quad \text{vorausgesetzt wird}\,.$$

Auch bei der Betrachtung globaler Minimierungsprobleme mit Nebenbedingungen sind wir nur daran interessiert, geeignete Startpunkte für lokale Minimierungsverfahren zu berechnen. Ist nun kein zulässiger Punkt $\boldsymbol{x}_0 \in R$ bekannt, so bietet sich folgende Vorgehensweise an: Das obige globale Minimierungsproblem mit Nebenbedingungen wird durch ein globales Minimierungsproblem ohne Nebenbedingungen mit der zweimal stetig differenzierbaren Zielfunktion

$$f_{\mathrm{penalty},\mu} : \mathbb{R}^n \to \mathbb{R}\,, \quad \boldsymbol{x} \mapsto f(\boldsymbol{x}) + \mu\left(\sum_{i=1}^{m} h_i(\boldsymbol{x})^4 + \sum_{i=m+1}^{m+k} (P(h_i(\boldsymbol{x})))^4\right)$$

S. Schäffler, *Globale Optimierung*, Mathematik im Fokus, DOI 10.1007/978-3-642-41767-2_5,

mit

$$P:\mathbb{R}\to\mathbb{R},\qquad x\mapsto\begin{cases} x & \text{für} \quad x>0\\ 0 & \text{für} \quad x\le 0\end{cases}$$

ersetzt, wobei $\mu > 0$ zu wählen ist. Der nichtnegative additive Term

$$\mu\left(\sum_{i=1}^{m} h_i(\boldsymbol{x})^4 + \sum_{i=m+1}^{m+k} (P(h_i(\boldsymbol{x})))^4\right)$$

„bestraft" die Verletzung der Nebenbedingungen, da

$$\mu\left(\sum_{i=1}^{m} h_i(\boldsymbol{x})^4 + \sum_{i=m+1}^{m+k} (P(h_i(\boldsymbol{x})))^4\right) = 0 \Longleftrightarrow \boldsymbol{x}\in R\,.$$

Daher spricht man von einem **Penalty-Ansatz.**

Beispiel 5.1 Betrachte das restringierte globale Minimierungsproblem

$$f:\mathbb{R}^2\to\mathbb{R},\quad \boldsymbol{x}\mapsto 0{,}06x_1^2+0{,}06x_2^2-\cos(1{,}2x_1)-\cos(1{,}2x_2)+2$$

auf dem zulässigen Bereich

$$\begin{aligned} R = [6,10]\times[0,10] = \{\boldsymbol{x}\in\mathbb{R}^2;\ & 6-x_1\le 0\,, \quad x_1-10\le 0\,,\\ & -x_2\le 0\,, \quad x_2-10\le 0\}\end{aligned}$$

bzw.

$$\begin{aligned} f_{\text{penalty},\mu}:\mathbb{R}^2\to\mathbb{R},\quad & \boldsymbol{x}\mapsto 0{,}06x_1^2+0{,}06x_2^2-\cos(1{,}2x_1)-\cos(1{,}2x_2)+2+\\ & +\mu\left((P(6-x_1))^4+(P(-x_2))^4+(P(x_1-10))^4+(P(x_2-10))^4\right).\end{aligned}$$

Die eindeutige globale Minimalstelle des restringierten globalen Minimierungsproblems ist gegeben durch

$$\boldsymbol{x}_{\text{gl}} = (6,0)\,.$$

Abbildung 5.1 zeigt die Funktion f, den zulässigen Bereich R und 1000 Punkte berechnet durch das semi-implizite Eulerverfahren angewendet auf $f_{\text{penalty},\mu}$ für $\mu = 10$ und $\varepsilon = 1$, während Abb. 5.2 die Höhenlinien von f mit dem entsprechenden, durch 1000 Punkte approximierten Pfad zeigt. Startpunkt war $(-5,5)$. ◁

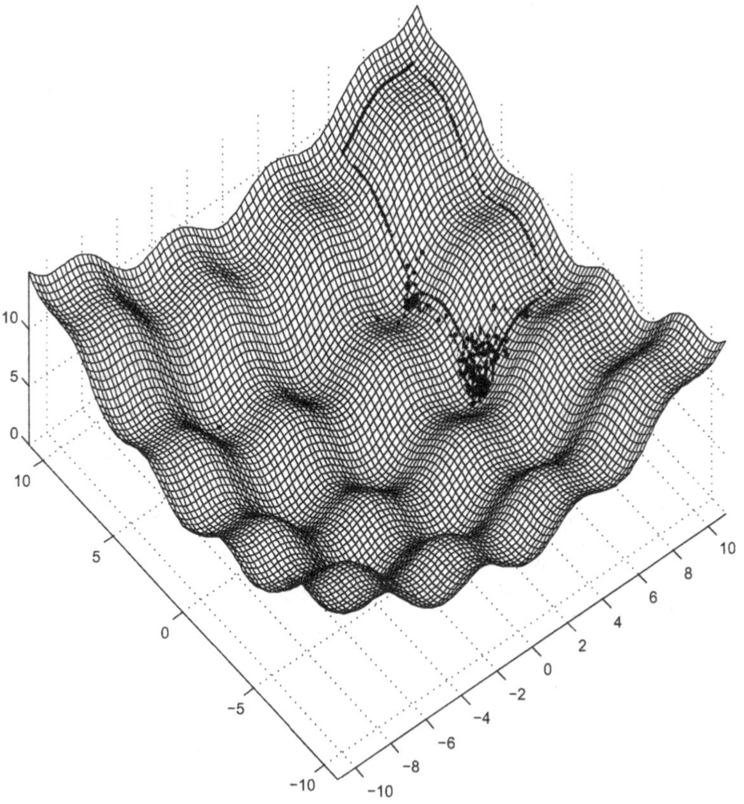

Abb. 5.1 Beispiel 5.1, Funktion f, 1000 Punkte, $\mu = 10$, $\varepsilon = 1$

Die für die linearen Komplementaritätsprobleme verwendete Zielfunktion

$$\begin{aligned} f &: \mathbb{R}^n \to \mathbb{R}, \\ \boldsymbol{x} &\mapsto \sqrt{1 + (\boldsymbol{c}^\top \boldsymbol{x} + \boldsymbol{x}^\top \boldsymbol{C}\boldsymbol{x})^2} - 1 + \\ &+ \mu \left(\sum_{i=1}^{n} (P(-x_i))^4 + \sum_{i=1}^{n} (P(-(\boldsymbol{c} + \boldsymbol{C}\boldsymbol{x})_i))^4 \right) \end{aligned}$$

ist ebenfalls Ergebnis eines Penalty-Ansatzes.

Allgemein gilt: Je größer der Penalty-Parameter μ gewählt wird, desto besser sind die berechneten Punkte für eine lokale Minimierung des restringierten Minimierungsproblems geeignet. Auf der anderen Seite verschlechtert sich die Kondition des Problems, Minimalstellen von $f_{\text{penalty},\mu}$ zu berechenen, mit wachsendem μ. Im Folgenden betrachten wir das in [RitSch94] vorgestellte Penalty-Verfahren. In dieser Arbeit wird das restringierte Mini-

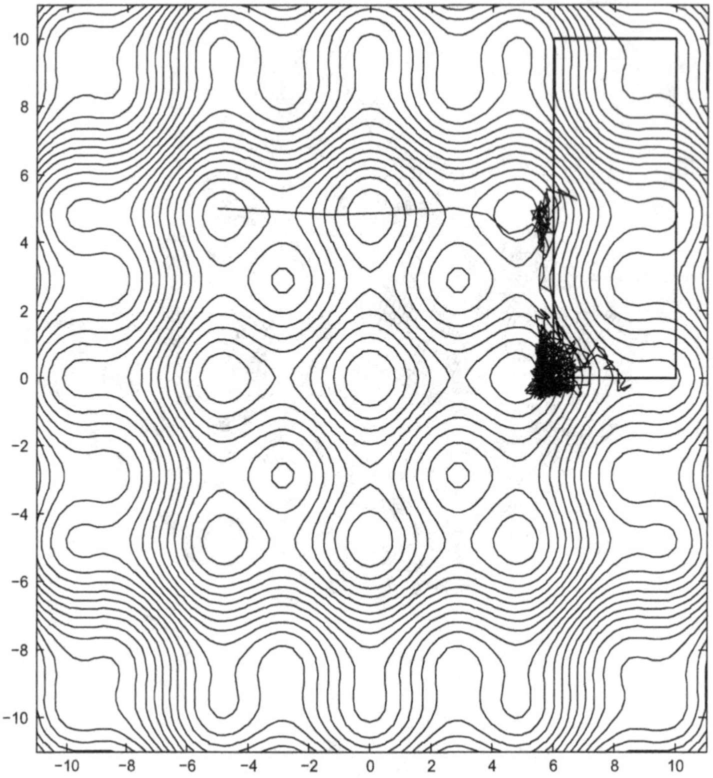

Abb. 5.2 Beispiel 5.1, Höhenlinien von f, 1000 Punkte, $\mu = 10$, $\varepsilon = 1$

mierungsproblem

$$\begin{aligned} \min_{\boldsymbol{x}}\{f(\boldsymbol{x})\,;\; h_i(\boldsymbol{x}) &= 0\,, \quad i = 1,\ldots,m, \\ h_i(\boldsymbol{x}) &\leq 0\,, \quad i = m+1,\ldots,m+k\}\,, \\ f, h_i : \mathbb{R}^n \to \mathbb{R}, &\quad n \in \mathbb{N},\ m,k \in \mathbb{N}_0\,, \\ f, h_i \in C^2(\mathbb{R}^n, \mathbb{R})\,, &\quad i = 1,\ldots,m+k\,, \end{aligned}$$

bzw. das unrestringierte Minimierungsproblem mit der Zielfunktion

$$f_{\text{penalty},\mu} : \mathbb{R}^n \to \mathbb{R}, \quad \boldsymbol{x} \mapsto f(\boldsymbol{x}) + \mu\left(\sum_{i=1}^{m} h_i(\boldsymbol{x})^4 + \sum_{i=m+1}^{m+k} (P(h_i(\boldsymbol{x})))^4\right)$$

mit

$$P : \mathbb{R} \to \mathbb{R}, \quad x \mapsto \begin{cases} x & \text{für} \quad x > 0 \\ 0 & \text{für} \quad x \leq 0 \end{cases}$$

unter folgender Voraussetzung untersucht:

Voraussetzung 5.2 Es existieren reelle Zahlen $\mu_0, \varepsilon, \rho > 0$ derart, dass:

$$\boldsymbol{x}^\top \nabla f_{\text{penalty},\mu}(\boldsymbol{x}) \geq \frac{1+n\varepsilon^2}{2} \max\{1, \|\nabla f_{\text{penalty},\mu}(\boldsymbol{x})\|_2\}$$

für alle $\boldsymbol{x} \in \{\boldsymbol{z} \in \mathbb{R}^n;\ \|\boldsymbol{z}\|_2 > \rho\}$ und für alle $\mu \geq \mu_0$. ◁

Voraussetzung 5.2 bedeutet, dass Voraussetzung 3.5 für alle Zielfunktionen $f_{\text{penalty},\mu}$, $\mu \geq \mu_0$, mit dem gleichen $\varepsilon, \rho > 0$ erfüllt ist.

Im folgenden Satz werden Eigenschaften dieses Ansatzes untersucht.

Satz 5.3 Betrachte das restringierte Minimierungsproblem

$$\begin{aligned}
\min_{\boldsymbol{x}}\{f(\boldsymbol{x});\ h_i(\boldsymbol{x}) &= 0\,, \quad i = 1,\ldots,m\,,\\
h_i(\boldsymbol{x}) &\leq 0\,, \quad i = m+1,\ldots,m+k\}\,,\\
f, h_i : \mathbb{R}^n \to \mathbb{R}\,, &\qquad n \in \mathbb{N},\ m, k \in \mathbb{N}_0\,,\\
f, h_i \in C^2(\mathbb{R}^n, \mathbb{R})\,, &\qquad i = 1,\ldots,m+k\,,
\end{aligned}$$

und für jedes $\mu > 0$ die Penalty-Funktionen

$$f_{\text{penalty},\mu} : \mathbb{R}^n \to \mathbb{R}\,, \quad \boldsymbol{x} \mapsto f(\boldsymbol{x}) + \mu\left(\sum_{i=1}^{m} h_i(\boldsymbol{x})^4 + \sum_{i=m+1}^{m+k} (P(h_i(\boldsymbol{x})))^4\right).$$

Ferner sei Voraussetzung 5.2 erfüllt; dann erhalten wir:

(i) Das restringierte Minimierungsproblem besitzt mindestens eine globale Minimalstelle.
(ii) Für jede Folge $\{\mu_p\}_{p\in\mathbb{N}_0}$ mit
- $\mu_{p+1} > \mu_p > \mu_0$ für alle $p \in \mathbb{N}$,
- $\lim_{p\to\infty} \mu_p = \infty$

sei $\boldsymbol{x}_p^*$ eine globale Minimalstelle von f_{penalty,μ_p} (die Existenz wird durch Voraussetzung 5.2 gewährleistet). Dann besitzt die Folge $\{\boldsymbol{x}_p^*\}_{p\in\mathbb{N}_0}$ mindestens einen Häufungspunkt und jeder Häufungspunkt ist globale Minimalstelle des restringierten Minimierungsproblems. ◁

Beweis Betrachte $\{\boldsymbol{x}_p^*\}_{p\in\mathbb{N}_0}$. Voraussetzung 5.2 sorgt dafür, dass

$$\boldsymbol{x}_p^* \in \{\boldsymbol{z} \in \mathbb{R}^n;\ \|\boldsymbol{z}\|_2 \leq \rho\}\,.$$

Daher besitzt jede Folge $\{\boldsymbol{x}_p^*\}_{p\in\mathbb{N}_0}$ zumindest einen Häufungspunkt $\boldsymbol{x}_{\mathrm{Hp}}^*$. Sei nun $\{\boldsymbol{x}_{p_l}^*\}_{l\in\mathbb{N}}$ eine Teilfolge von $\{\boldsymbol{x}_p^*\}_{p\in\mathbb{N}_0}$ mit

$$p_i > p_j \quad \text{für alle} \quad i > j$$

und mit

$$\lim_{l\to\infty} \boldsymbol{x}_{p_l}^* = \boldsymbol{x}_{\mathrm{Hp}}^* .$$

Nimmt man nun an, dass

$$\boldsymbol{x}_{\mathrm{Hp}}^* \notin R ,$$

so erhalten wir durch die Definition von $\{\mu_p\}_{p\in\mathbb{N}_0}$ und aus der Tatsache, dass R eine abgeschlossene Teilmenge des $\mathbb{R}^n$ ist:

$$\lim_{l\to\infty} f_{\mathrm{penalty},\mu_{p_l}}(\boldsymbol{x}_{p_l}^*) = \infty .$$

Auf der anderen Seite wissen wir, dass

$$f_{\mathrm{penalty},\mu_{p_l}}(\boldsymbol{x}_{p_l}^*) \le \inf_{\boldsymbol{x}\in R}\{f(\boldsymbol{x})\} \quad \text{für alle} \quad l \in \mathbb{N} .$$

Aus diesem Widerspruch folgt

$$\boldsymbol{x}_{\mathrm{Hp}}^* \in R .$$

Angenommen

$$f(\boldsymbol{x}_{\mathrm{Hp}}^*) > \inf_{\boldsymbol{x}\in R}\{f(\boldsymbol{x})\} ,$$

so erhalten wir

$$f_{\mathrm{penalty},\mu_{p_l}}(\boldsymbol{x}_{\mathrm{Hp}}^*) > \inf_{\boldsymbol{x}\in R}\{f(\boldsymbol{x})\} \quad \text{für alle} \quad l \in \mathbb{N} .$$

Andererseits erhalten wir aus $f_{\mathrm{penalty},\mu_{p_l}}(\boldsymbol{x}_{p_l}^*) \le \inf_{\boldsymbol{x}\in R}\{f(\boldsymbol{x})\}$ für alle $l \in \mathbb{N}$:

$$f_{\mathrm{penalty},\mu_{p_l}}(\boldsymbol{x}_{\mathrm{Hp}}^*) = f_{\mathrm{penalty},\mu_{p_l}}\left(\lim_{i\to\infty} \boldsymbol{x}_{p_i}^*\right) \le \inf_{\boldsymbol{x}\in R}\{f(\boldsymbol{x})\} \quad \text{für alle} \quad l \in \mathbb{N} .$$

Dieser Widerspruch führt auf

$$f(\boldsymbol{x}_{\mathrm{Hp}}^*) = \inf_{\boldsymbol{x}\in R}\{f(\boldsymbol{x})\} .$$

q.e.d.

5.2 Gleichungsnebenbedingungen

Nun untersuchen wir globale Minimierungsprobleme mit Gleichungsnebenbedingungen der folgenden Form:

$$\begin{aligned} &\min_{\boldsymbol{x}}\{f(\boldsymbol{x});\ h_i(\boldsymbol{x})=0, \quad i=1,\dots,m\}, \\ &f,h_i:\mathbb{R}^n\to\mathbb{R}, \qquad n\in\mathbb{N},\ m\in\mathbb{N}, \\ &f,h_i\in C^2(\mathbb{R}^n,\mathbb{R}), \qquad i=1,\dots,m. \end{aligned}$$

Wir nehmen an, dass

$$M := \{\boldsymbol{x}\in\mathbb{R}^n;\ h_i(\boldsymbol{x})=0, \quad i=1,\dots,m\}$$

eine differenzierbare $(n-m)$-dimensionale Mannigfaltigkeit darstellt; dies ist äquivalent zu der Annahme, dass die Gradienten

$$\nabla h_1(\boldsymbol{x}),\dots,\nabla h_m(\boldsymbol{x})$$

für jedes $\boldsymbol{x}\in M$ linear unabhängig sind.

Unter Verwendung der Matrix

$$\nabla\boldsymbol{h}(\boldsymbol{x}) := (\nabla h_1(\boldsymbol{x}),\dots,\nabla h_m(\boldsymbol{x}))\in\mathbb{R}^{n,m}, \qquad \boldsymbol{x}\in M,$$

erhält man mit

$$\mathbf{Pr}(\boldsymbol{x}) = \boldsymbol{I}_n - \nabla\boldsymbol{h}(\boldsymbol{x})\left(\nabla\boldsymbol{h}(\boldsymbol{x})^\top\nabla\boldsymbol{h}(\boldsymbol{x})\right)^{-1}\nabla\boldsymbol{h}(\boldsymbol{x})^\top\in\mathbb{R}^{n,n}$$

die Projektionsmatrix auf den Tangentialraum $T_{\boldsymbol{x}}M$ von M in $\boldsymbol{x}\in M$. In der lokalen Minimierung ohne Nebenbedingungen betrachtet man die Kurve des steilsten Abstiegs

$$\dot{\boldsymbol{x}}(t) = -\nabla f(\boldsymbol{x}(t)), \quad \boldsymbol{x}(0)=\boldsymbol{x}_0,$$

bzw. in Integralform

$$\boldsymbol{x}(t) = \boldsymbol{x}_0 - \int_0^t \nabla f(\boldsymbol{x}(\tau))\,\mathrm{d}\tau.$$

Hat man nun einen Punkt $\boldsymbol{x}_0\in M$ gegeben, so kann man für das lokale Minimierungsproblem unter Gleichungsnebenbedingungen ($\boldsymbol{x}\in M$) die Kurve des steilsten Abstiegs auf M gegeben durch

$$\dot{\boldsymbol{x}}(t) = -\mathbf{Pr}(\boldsymbol{x})\nabla f(\boldsymbol{x}(t)), \quad \boldsymbol{x}(0)=\boldsymbol{x}_0$$

bzw. in Integralform

$$\boldsymbol{x}(t) = \boldsymbol{x}_0 - \int_0^t \mathbf{Pr}(\boldsymbol{x})\nabla f(\boldsymbol{x}(\tau))\,\mathrm{d}\tau$$

verwenden. Wenn $\boldsymbol{x}_0 \in M$, so gilt auch $\boldsymbol{x}(t) \in M$ für alle $t \in (0, \infty)$ und ferner

$$f(\boldsymbol{x}_s) \le f(\boldsymbol{x}_t) \quad \text{für alle} \quad 0 \le t < s\,.$$

Es stellt sich nun die Frage, wie diese Vorgehensweise für $\varphi \in \Omega^n$ und $t \ge 0$ auf die Integralgleichung

$$\boldsymbol{Y}_\varepsilon(t,\varphi) = \boldsymbol{y}_0 - \int_0^t \nabla f(\boldsymbol{Y}_\varepsilon(\tau,\varphi))\,\mathrm{d}\tau + \varepsilon(\boldsymbol{B}_t(\varphi) - \boldsymbol{B}_0(\varphi))$$

übertragen werden kann. Die erste naheliegende Idee, für $\varphi \in \Omega^n$ und $t \ge 0$ die Gleichung

$$\bar{\boldsymbol{Y}}_\varepsilon(t,\varphi) = \boldsymbol{y}_0 - \int_0^t \mathbf{Pr}(\bar{\boldsymbol{Y}}_\varepsilon(\tau,\varphi))\nabla f(\bar{\boldsymbol{Y}}_\varepsilon(\tau,\varphi))\,\mathrm{d}\tau + \varepsilon(\boldsymbol{B}_t(\varphi) - \boldsymbol{B}_0(\varphi))$$

zu verwenden, scheitert an der Tatsache, dass dann im Allgemeinen

$$\bar{\boldsymbol{Y}}_\varepsilon(t,\varphi) \notin M$$

für $\varepsilon > 0$, $t \in (0,\infty)$ und $\varphi \in \Omega^n$ gilt. Daher haben wir nach einem stochastischen Prozess $\{\boldsymbol{S}_t\}_{t\in[0,\infty)}$ Ausschau zu halten, so dass wir durch

$$\boldsymbol{Y}_{\mathrm{pr},\varepsilon}(t,\varphi) = \boldsymbol{y}_0 - \int_0^t \mathbf{Pr}(\boldsymbol{Y}_{\mathrm{pr},\varepsilon}(\tau,\varphi))\nabla f(\boldsymbol{Y}_{\mathrm{pr},\varepsilon}(\tau,\varphi))\,\mathrm{d}\tau + \varepsilon\boldsymbol{S}_t(\varphi)$$

analoge Eigenschaften zur globalen Minimierung ohne Nebenbedingungen – jetzt aber auf M – erhalten. Dieses Problem führt auf das Fisk-Stratonovich-Integral der stochastischen Analysis (siehe für Details etwa [Pro95]). Sei

$$\left\{t_0^{(q)}, t_1^{(q)}, \ldots, t_{p_q}^{(q)}\right\}_{q\in\mathbb{N}}$$

eine Folge von Diskretisierungen des Intervalls $[0, T]$, $T > 0$, derart, dass

- $p_i \in \mathbb{N}$ für alle $i \in \mathbb{N}$,
- $p_i < p_j$ für $i < j$,

- $0 = t_0^{(q)} < t_1^{(q)} < \ldots < t_{p_q}^{(q)} = T$ für alle $q \in \mathbb{N}$,
- $\lim_{q\to\infty}\left(\max_{i=1,\ldots,p_q}\left(t_i^{(q)} - t_{i-1}^{(q)}\right)\right) = 0$,

dann wird die Zufallsvariable

$$\int_0^T \mathbf{Pr}(\boldsymbol{Y}_{\mathrm{pr},\varepsilon}(t,\bullet)) \circ d\boldsymbol{B}_t :=$$

$$:= L^2\text{-}\lim_{q\to\infty} \sum_{i=1}^{p_q} \frac{\mathbf{Pr}\left(\boldsymbol{Y}_{\mathrm{pr},\varepsilon}\left(t_i^{(q)},\bullet\right)\right) + \mathbf{Pr}\left(\boldsymbol{Y}_{\mathrm{pr},\varepsilon}\left(t_{i-1}^{(q)},\bullet\right)\right)}{2}\left(\boldsymbol{B}_{t_i^{(q)}} - \boldsymbol{B}_{t_{i-1}^{(q)}}\right)$$

als Fisk-Stratonovich-Integral von $\mathbf{Pr}(\boldsymbol{Y}_{\mathrm{pr},\varepsilon}(t,\bullet))$ bezeichnet, wobei L^2-lim komponentenweise L^2-Konvergenz bezeichnet. Leider kann hier aus Platzgründen nicht auf die interessante – aber sehr komplexe – Theorie stochastischer Integralgleichungen vom Fisk-Stratonovich-Typ und ihre Verwendung zur Lösung durch Gleichungen restringierter globaler Minimierungsprobleme eingegangen werden. Es sei daher auf [Stö00] und [Schä12] verwiesen. Im Folgenden betrachten wir deshalb nur die numerische Approximation von Pfaden der Integralgleichung

$$\begin{aligned}\boldsymbol{Y}_{\mathrm{pr},\varepsilon}(t,\varphi) = \boldsymbol{y}_0 &- \int_0^t \mathbf{Pr}(\boldsymbol{Y}_{\mathrm{pr},\varepsilon}(\tau,\varphi))\nabla f(\boldsymbol{Y}_{\mathrm{pr},\varepsilon}(\tau,\varphi))\,\mathrm{d}\tau\, + \\ &+ \varepsilon\left(\int_0^t \mathbf{Pr}(\boldsymbol{Y}_{\mathrm{pr},\varepsilon}(\tau,\bullet)) \circ d\boldsymbol{B}_\tau\right)(\varphi), \\ &\boldsymbol{y}_0 \in M,\ \varphi \in \Omega^n,\ t \geq 0,\end{aligned}$$

denn es gilt:

$$\boldsymbol{Y}_{\mathrm{pr},\varepsilon}(t,\varphi) \in M \quad \text{für alle} \quad \boldsymbol{y}_0 \in M,\ \varphi \in \Omega^n,\ t \geq 0.$$

Somit ist durch

$$\left(\int_0^t \mathbf{Pr}(\boldsymbol{Y}_{\mathrm{pr},\varepsilon}(\tau,\bullet)) \circ \mathrm{d}\boldsymbol{B}_\tau\right)(\varphi), \quad t \geq 0,$$

der gesuchte stochastische Prozess $\{\boldsymbol{S}_t\}_{t\in[0,\infty)}$ gegeben.

Aufgrund der Definition des Fisk-Stratonovich-Integrals ist es naheliegend, als numerische Approximation der beiden Integrale in der obigen Gleichung die Trapezregel zu verwenden:

$$\int_{\bar{t}}^{\bar{t}+h} \mathbf{Pr}(\boldsymbol{Y}_{\mathrm{pr},\varepsilon}(\tau,\varphi))\nabla f(\boldsymbol{Y}_{\mathrm{pr},\varepsilon}(\tau,\varphi))\,\mathrm{d}\tau \approx \frac{h}{2}\Big(\mathbf{Pr}(\boldsymbol{Y}_{\mathrm{pr},\varepsilon}(\bar{t},\varphi))\nabla f(\boldsymbol{Y}_{\mathrm{pr},\varepsilon}(\bar{t},\varphi)) + $$

$$+ \mathbf{Pr}(\boldsymbol{Y}_{\mathrm{pr},\varepsilon}(\bar{t}+h,\varphi))\nabla f(\boldsymbol{Y}_{\mathrm{pr},\varepsilon}(\bar{t}+h,\varphi))\Big),$$

$$\left(\int_{\bar{t}}^{\bar{t}+h} \mathbf{Pr}(\boldsymbol{Y}_{\mathrm{pr},\varepsilon}(\tau,\bullet))\circ \mathrm{d}\boldsymbol{B}_\tau\right)(\varphi) \approx \frac{1}{2}\Big(\mathbf{Pr}(\boldsymbol{Y}_{\mathrm{pr},\varepsilon}(\bar{t},\varphi)) + \mathbf{Pr}(\boldsymbol{Y}_{\mathrm{pr},\varepsilon}(\bar{t}+h,\varphi))\Big)\cdot$$

$$\cdot\,(\boldsymbol{B}_{\bar{t}+h}(\varphi) - \boldsymbol{B}_{\bar{t}}(\varphi))\,.$$

Ausgehend von einer Approximation $\boldsymbol{y}_{\mathrm{app}}(\bar{t},\tilde{\varphi})$ für $\boldsymbol{Y}_{\mathrm{pr},\varepsilon}(\bar{t},\tilde{\varphi})$ führt die Trapezregel zunächst auf ein System

$$\bar{\boldsymbol{y}}_{\mathrm{app}}(\bar{t}+h,\tilde{\varphi}) - \boldsymbol{y}_{\mathrm{app}}(\bar{t},\tilde{\varphi}) + \frac{h}{2}\Big(\mathbf{Pr}(\boldsymbol{y}_{\mathrm{app}}(\bar{t},\tilde{\varphi}))\nabla f(\boldsymbol{y}_{\mathrm{app}}(\bar{t},\tilde{\varphi})) + $$

$$+ \mathbf{Pr}(\bar{\boldsymbol{y}}_{\mathrm{app}}(\bar{t}+h,\tilde{\varphi}))\nabla f(\bar{\boldsymbol{y}}_{\mathrm{app}}(\bar{t}+h,\tilde{\varphi}))\Big) -$$

$$- \frac{\varepsilon}{2}\Big(\mathbf{Pr}(\boldsymbol{y}_{\mathrm{app}}(\bar{t},\tilde{\varphi})) + \mathbf{Pr}(\bar{\boldsymbol{y}}_{\mathrm{app}}(\bar{t}+h,\tilde{\varphi}))\Big)\cdot$$

$$\cdot\,(\boldsymbol{B}_{\bar{t}+h}(\tilde{\varphi}) - \boldsymbol{B}_{\bar{t}}(\tilde{\varphi})) =$$

$$= \mathbf{0}$$

nichtlinearer Gleichungen in $\bar{\boldsymbol{y}}_{\mathrm{app}}(\bar{t}+h,\tilde{\varphi})$. Linearisierung um $\boldsymbol{y}_{\mathrm{app}}(\bar{t},\tilde{\varphi})$ ergibt ein System linearer Gleichungen mit der Lösung $\bar{\boldsymbol{y}}_{\mathrm{app}}(\bar{t}+h,\tilde{\varphi})$. Da allerdings im Allgemeinen

$$\bar{\boldsymbol{y}}_{\mathrm{app}}(\bar{t}+h,\tilde{\varphi}) \notin M$$

gilt, ist basierend auf dem **Prädiktor** $\bar{\boldsymbol{y}}_{\mathrm{app}}(\bar{t}+h,\tilde{\varphi})$ noch ein **Korrektorschritt** durch Berechnung einer Nullstelle $\bar{\boldsymbol{\alpha}}$ von

$$c:\mathbb{R}^m \to \mathbb{R}^m, \quad \boldsymbol{\alpha} \mapsto \begin{pmatrix} h_1\Big(\bar{\boldsymbol{y}}_{\mathrm{app}}(\bar{t}+h,\tilde{\varphi}) + \sum_{i=1}^{m} \alpha_i \nabla h_i(\boldsymbol{y}_{\mathrm{app}}(\bar{t},\tilde{\varphi}))\Big) \\ \vdots \\ h_m\Big(\bar{\boldsymbol{y}}_{\mathrm{app}}(\bar{t}+h,\tilde{\varphi}) + \sum_{i=1}^{m} \alpha_i \nabla h_i(\boldsymbol{y}_{\mathrm{app}}(\bar{t},\tilde{\varphi}))\Big) \end{pmatrix}$$

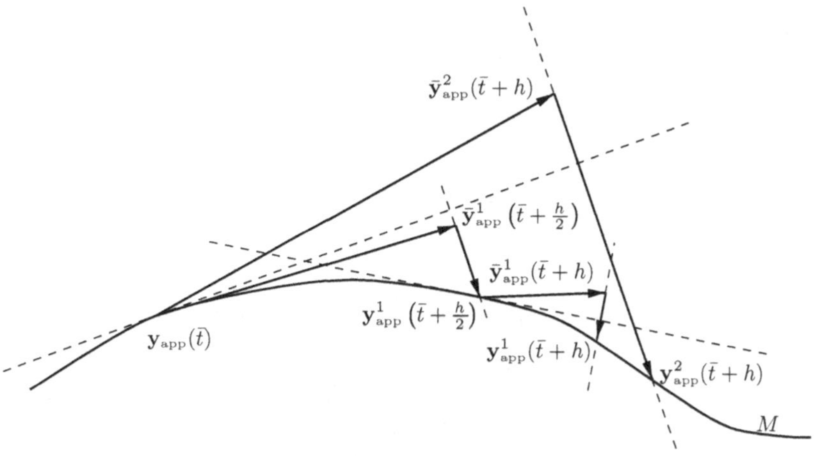

Abb. 5.3 Schrittweitensteuerung bei Gleichungsnebenbedingungen

nötig. Dies kann erneut durch Linearisierung durchgeführt werden und liefert dann die Approximation

$$y_{\text{app}}(\bar{t}+h,\tilde{\varphi}) = \bar{y}_{\text{app}}(\bar{t}+h,\tilde{\varphi}) + \sum_{i=1}^{m} \tilde{\alpha}_i \nabla h_i(y_{\text{app}}(\bar{t},\tilde{\varphi})).$$

Eine zum unrestringierten Fall analoge Schrittweitensteuerung (siehe Abb. 5.3) und numerische Ergebnisse mit bis zu $n = 100$ Variablen sind in [Stö00] und [Schä12] zu finden. Dort findet man auch das folgende Beispiel und die entsprechenden Abbildungen.

Beispiel 5.4 Betrachte das restringierte globale Minimierungsproblem

$$\min_{x} \left\{ f : \mathbb{R}^3 \to \mathbb{R},\ \boldsymbol{x} \mapsto x_1^2 + x_2^2;\quad 1 - (x_1-2)^2 - \frac{x_2^2}{9} + x_3^2 = 0 \right\}.$$

Dieses Problem besitzt die drei Minimalstellen

$$\begin{aligned}
(0,0,\sqrt{3}) &\quad \text{globale Minimalstelle,} \quad f\left((0,0,\sqrt{3})\right) = 0\,,\\
(0,0,-\sqrt{3}) &\quad \text{globale Minimalstelle,} \quad f\left((0,0,-\sqrt{3})\right) = 0\,,\\
(3,0,0) &\quad \text{lokale Minimalstelle,} \quad f\left((3,0,0)\right) = 9\,.
\end{aligned}$$

Interpretiert man die Variable x_3 als Schlupfvariable (siehe dazu [McShane73]), so kann man ein zu obigem Problem äquivalentes globales Optimierungsproblem in zwei Variablen und einer Ungleichung als Nebenbedingung formulieren:

$$\min_{x} \left\{ f' : \mathbb{R}^2 \to \mathbb{R},\ \boldsymbol{x} \mapsto x_1^2 + x_2^2;\quad 1 - (x_1-2)^2 - \frac{x_2^2}{9} \le 0 \right\}$$

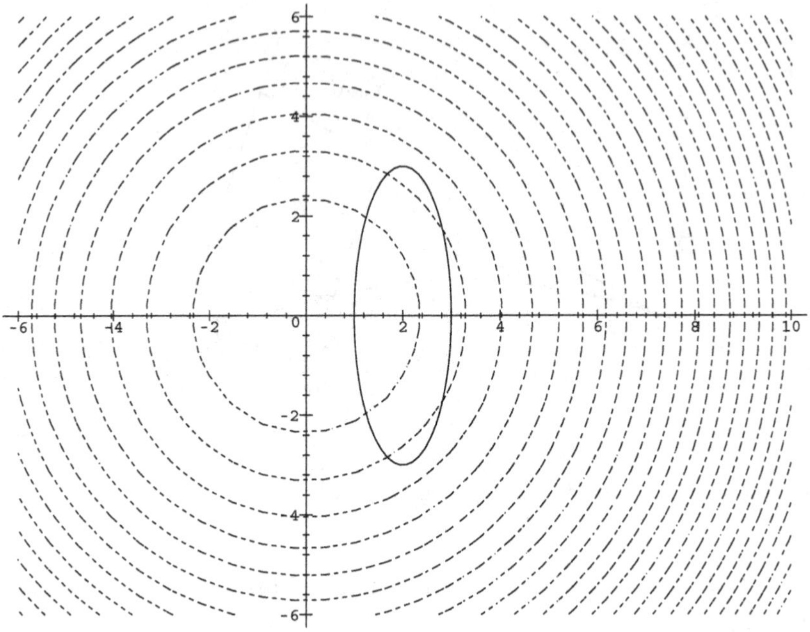

Abb. 5.4 Beispiel 5.4, Höhenlinien von f' und ausgeschlossene Ellipse

Dieses Problem besitzt zwei isolierte Minimalstellen

$$\begin{aligned} &(0,0) \quad \text{globale Minimalstelle}, \quad f'((0,0)) = 0, \\ &(3,0) \quad \text{lokale Minimalstelle}, \quad f'((3,0)) = 9. \end{aligned}$$

Die Ungleichungsnebenbedingung

$$1 - (x_1 - 2)^2 - \frac{x_2^2}{9} \leq 0$$

schließt eine Ellipse aus dem $\mathbb{R}^2$ aus (siehe Abb. 5.4).

Löst man nun das globale Optimierungsproblem

$$\min_{\boldsymbol{x}} \left\{ f' : \mathbb{R}^2 \to \mathbb{R},\ \boldsymbol{x} \mapsto x_1^2 + x_2^2 ; \quad 1 - (x_1 - 2)^2 - \frac{x_2^2}{9} \leq 0 \right\}$$

mit $\varepsilon = 2$ und der Approximation von 200 Punkten mit Startpunkt

$$\boldsymbol{y}_0 = (10, 1)$$

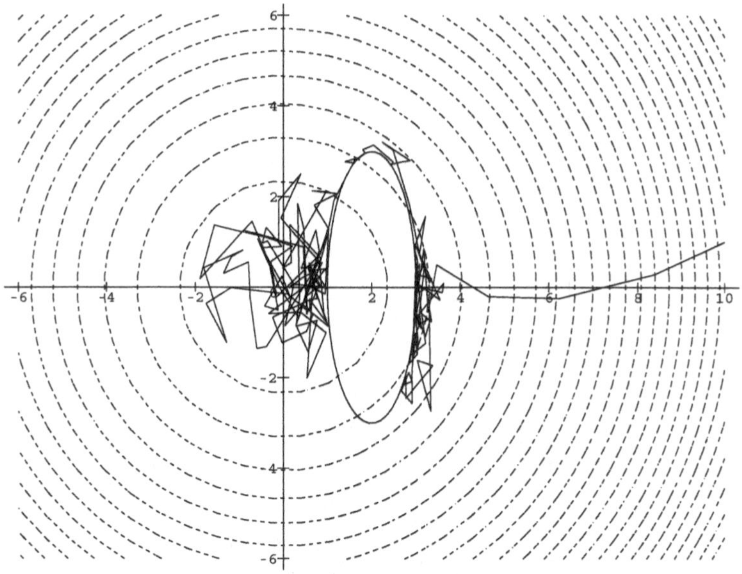

Abb. 5.5 Beispiel 5.4, Höhenlinien von f', 200 Punkte, $\varepsilon = 2$

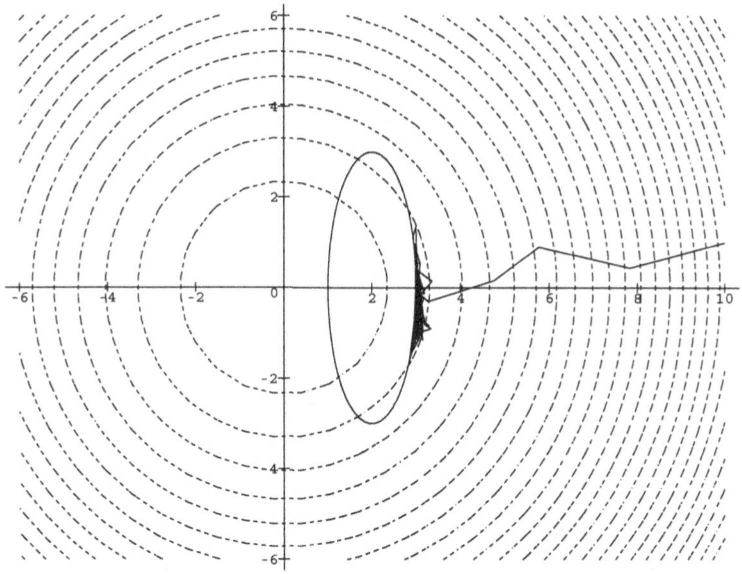

Abb. 5.6 Beispiel 5.4, Höhenlinien von f', 200 Punkte, ε zu klein

durch die Lösung des globalen Optimierungsproblems

$$\min_{\boldsymbol{x}} \left\{ f : \mathbb{R}^3 \to \mathbb{R},\ \boldsymbol{x} \mapsto x_1^2 + x_2^2;\ 1 - (x_1 - 2)^2 - \frac{x_2^2}{9} + x_3^2 = 0 \right\}$$

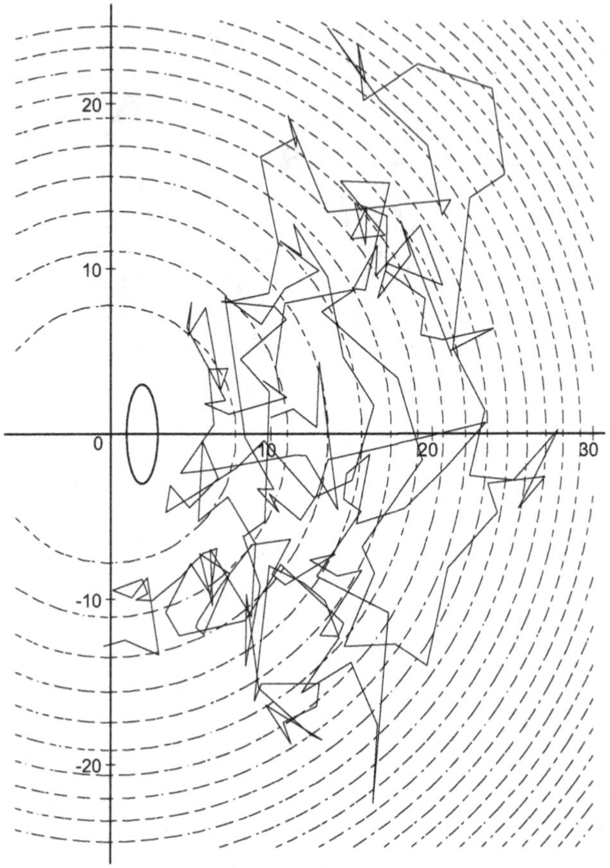

Abb. 5.7 Beispiel 5.4, Höhenlinien von f', 200 Punkte, ε zu groß

mit Startpunkt

$$y_0 = \left(10, 1, \sqrt{63 + \frac{1}{9}}\right),$$

so erhält man die ersten beiden Komponenten des approximierten Pfades wie in Abb. 5.5. Wählt man ε zu klein, ergibt sich ein Verhalten wie in Abb. 5.6 dargestellt.

Hier reichen 200 approximierte Punkte des Pfades nicht aus, um die lokale Minimalstelle zu verlassen.

Wählt man ε zu groß, ergibt sich ein Verhalten wie in Abb. 5.7 dargestellt. Die Zufallssuche ist so dominant, dass die Minimalstellen der zu minimierenden Zielfunktion keine Rolle spielen. ◁

5.3 Gleichungs- und Ungleichungsnebenbedingungen

In diesem letzten Abschnitt untersuchen wir globale Minimierungsprobleme

$$\begin{aligned}
\min_{x}\{f(\boldsymbol{x});\ h_i(\boldsymbol{x}) &= 0\,, \quad i = 1,\dots,m\,,\\
h_i(\boldsymbol{x}) &\le 0\,, \quad i = m+1,\dots,m+k\}\,,\\
f, h_i : \mathbb{R}^n &\to \mathbb{R}\,, \quad n \in \mathbb{N}\,,\ m,k \in \mathbb{N}_0\,,\\
f, h_i &\in C^2(\mathbb{R}^n,\mathbb{R})\,, \quad i = 1,\dots,m+k\,.
\end{aligned}$$

Sei

$$\begin{aligned}
\boldsymbol{x}^* \in R = \{\boldsymbol{x} \in \mathbb{R}^n;\ h_i(\boldsymbol{x}) &= 0\,, \quad i = 1,\dots,m\,,\\
h_i(\boldsymbol{x}) &\le 0\,, \quad i = m+1,\dots,m+k\}
\end{aligned}$$

und sei $J_{\boldsymbol{x}^*} = \{j_1,\dots j_p\} \subseteq \{m+1,\dots,m+k\}$ die Menge aller Indizes j, für die

$$h_j(\boldsymbol{x}^*) = 0\,.$$

Diese Nebenbedingungen werden als in $\boldsymbol{x}^*$ **aktiv** bezeichnet. Wir nehmen an, dass die Gradienten

$$\nabla h_1(\boldsymbol{x}^*),\dots,\nabla h_m(\boldsymbol{x}^*),\nabla h_{j_1}(\boldsymbol{x}^*),\dots,\nabla h_{j_p}(\boldsymbol{x}^*)$$

aller in $\boldsymbol{x}^*$ aktiven Nebenbedingungen für jedes $\boldsymbol{x}^* \in R$ linear unabhängig sind.

Nun könnte man auf die Idee kommen, unser globales Minimierungsproblem durch die Behandlung von

$$\begin{aligned}
\min_{\boldsymbol{x},\boldsymbol{s}}\Big\{\tilde{f} : \mathbb{R}^{n+k} \to \mathbb{R}\,, \quad (\boldsymbol{x},\boldsymbol{s})^\top &\mapsto f(\boldsymbol{x});\\
h_i(\boldsymbol{x}) &= 0\,, \quad i = 1,\dots,m\,,\\
h_i(\boldsymbol{x}) + s_{i-m+n}^2 &= 0\,, \quad i = m+1,\dots,m+k\Big\}
\end{aligned}$$

zu lösen.

Dazu ist zu sagen:

- Die Anzahl der Variablen wird durch die Anzahl der Ungleichungsnebenbedingungen erhöht.
- Aus jeder Minimalstelle von f, an der l Nebenbedingungen inaktiv sind, werden 2^l Minimalstellen von $\tilde{f}$ mit dem gleichen Funktionswert.

- Verwendet man die projizierte Kurve des steilsten Abstiegs

$$(\dot{\boldsymbol{x}}, \dot{\boldsymbol{s}})^{\top}_{\mathrm{pr}}(t) = -\mathbf{Pr}((\boldsymbol{x}, \boldsymbol{s})_{\mathrm{pr}}(t))\nabla\tilde{f}((\boldsymbol{x}, \boldsymbol{s})_{\mathrm{pr}}(t)), \quad (\boldsymbol{x}, \boldsymbol{s})^{\top}(0) = (\boldsymbol{x}_0, \boldsymbol{s}_0)^{\top},$$

  für das lokale Minimierungsproblem

$$\min_{\boldsymbol{x},\boldsymbol{s}} \left\{ \tilde{f} : \mathbb{R}^{n+k} \to \mathbb{R}, \quad (\boldsymbol{x}, \boldsymbol{s})^{\top} \mapsto f(\boldsymbol{x}); \right.$$
$$h_i(\boldsymbol{x}) = 0, \quad i = 1, \ldots, m,$$
$$\left. h_i(\boldsymbol{x}) + s_{i-m+n}^2 = 0, \quad i = m+1, \ldots, m+k \right\},$$

  so bleiben entlang der projizierten Kurve des steilsten Abstiegs alle am Startpunkt $\boldsymbol{x}_0$ aktiven Nebenbedingungen aktiv und alle am Startpunkt $\boldsymbol{x}_0$ inaktiven Nebenbedingungen inaktiv; somit ist diese Idee für die lokale Minimierung unbrauchbar.

Glücklicherweise bleibt dieser Effekt bei der Verwendung stochastischer Integralgleichungen vom Fisk-Stratonovich-Typ nicht erhalten. Somit ist es unter Verwendung von Schlupfvariablen prinzipiell möglich, nur Minimierungsprobleme mit Gleichungsnebenbedingungen zu untersuchen. Liegt aber eine große Zahl von Ungleichungen vor, so bietet sich die folgende **Active-Set-Methode** an.

Wähle einen Punkt

$$\boldsymbol{x}_0 \in R = \{\boldsymbol{x} \in \mathbb{R}^n;\ h_i(\boldsymbol{x}) = 0, \quad i = 1, \ldots, m,$$
$$h_i(\boldsymbol{x}) \leq 0, \quad i = m+1, \ldots, m+k\}.$$

Sei nun $J_{\boldsymbol{x}_0} \subseteq \{m+1, \ldots, m+k\}$ die Menge aller Indizes j mit

$$h_j(\boldsymbol{x}_0) = 0,$$

dann betrachten wir das globale Minimierungsproblem in $n + |J_{\boldsymbol{x}_0}|$ Variablen

$$\min_{(\boldsymbol{x},\boldsymbol{s})} \left\{ f_{\boldsymbol{x}_0} : \mathbb{R}^{n+|J_{\boldsymbol{x}_0}|} \to \mathbb{R}, \quad (\boldsymbol{x}, \boldsymbol{s})^{\top} \mapsto f(\boldsymbol{x}); \right.$$
$$h_i(\boldsymbol{x}) = 0, \quad i = 1, \ldots, m,$$
$$\left. h_j(\boldsymbol{x}) + s_{n-m+j}^2 = 0, \quad j \in J_{\boldsymbol{x}_0} \right\}.$$

Unter Verwendung der stochastischen Methode zur globalen Minimierung unter $m + |J_{\boldsymbol{x}_0}|$ Gleichungsnebenbedingungen berechnen wir nun basierend auf dem Startpunkt $(\boldsymbol{x}_0, \mathbf{0})$ genau einen neuen Punkt. Die Schrittweitensteuerung muss dabei so modifiziert werden, dass sich die ersten n Komponenten des berechneten Punktes $(\boldsymbol{x}(t_1, \tilde{\varphi}), \boldsymbol{s}^1_{\tilde{\varphi}})$ (also $\boldsymbol{x}(t_1, \tilde{\varphi})$) im zulässigen Bereich R befinden. Daraufhin betrachten wir das globale Minimierungsproblem in $n + |J_{\boldsymbol{x}(t_1,\tilde{\varphi})}|$ Variablen

$$\min_{(\boldsymbol{x},\boldsymbol{s})} \left\{ f_{\boldsymbol{x}(t_1,\tilde{\varphi})} : \mathbb{R}^{n+|J_{\boldsymbol{x}(t_1,\tilde{\varphi})}|} \to \mathbb{R}, \quad (\boldsymbol{x}, \boldsymbol{s})^\top \mapsto f(\boldsymbol{x}); \right.$$
$$h_i(\boldsymbol{x}) = 0, \quad i = 1, \ldots, m,$$
$$\left. h_j(\boldsymbol{x}) + s^2_{n-m+j} = 0, \quad j \in J_{\boldsymbol{x}(t_1,\tilde{\varphi})} \right\},$$

wobei $J_{\boldsymbol{x}(t_1,\tilde{\varphi})} \subseteq \{m+1, \ldots, m+k\}$ die Menge von Indizes j bezeichnet, für die

$$h_j(\boldsymbol{x}(t_1, \tilde{\varphi})) = 0.$$

Es können für $\boldsymbol{x}(t_1, \tilde{\varphi})$ neue Nebenbedingungen aktiv geworden sein und es können auch Nebenbedingungen inaktiv geworden sein. Nun behandeln wir dieses globale Minimierungsproblem mit $m + |J_{\boldsymbol{x}(t_1,\tilde{\varphi})}|$ Gleichungsnebenbedingungen auf die genau gleiche Weise mit $(\boldsymbol{x}(t_1, \tilde{\varphi}), \boldsymbol{0})$ als Startpunkt. Schließlich berechnen wir wieder nur einen Punkt $(\boldsymbol{x}(t_2, \tilde{\varphi}), \boldsymbol{s}^2_{\tilde{\varphi}})$ und untersuchen das nächste globale Minimierungsproblem in $n + |J_{\boldsymbol{x}(t_2,\tilde{\varphi})}|$ Variablen

$$\min_{(\boldsymbol{x},\boldsymbol{s})} \left\{ f_{\boldsymbol{x}(t_2,\tilde{\varphi})} : \mathbb{R}^{n+|J_{\boldsymbol{x}(t_2,\tilde{\varphi})}|} \to \mathbb{R}, \quad (\boldsymbol{x}, \boldsymbol{s})^\top \mapsto f(\boldsymbol{x}); \right.$$
$$h_i(\boldsymbol{x}) = 0, \quad i = 1, \ldots, m,$$
$$\left. h_j(\boldsymbol{x}) + s^2_{n-m+j} = 0, \quad j \in J_{\boldsymbol{x}(t_2,\tilde{\varphi})} \right\}$$

mit Startpunkt $(\boldsymbol{x}(t_2, \tilde{\varphi}), \boldsymbol{0})$, wobei $J_{\boldsymbol{x}(t_2,\tilde{\varphi})} \subseteq \{m+1, \ldots, m+k\}$ die Menge aller Indizes j mit

$$h_j(\boldsymbol{x}(t_2, \tilde{\varphi})) = 0$$

repräsentiert. Diese Vorgehensweise wird iteriert.

Wir illustrieren die Eigenschaften der Active-Set-Methode an zwei Beispielen.

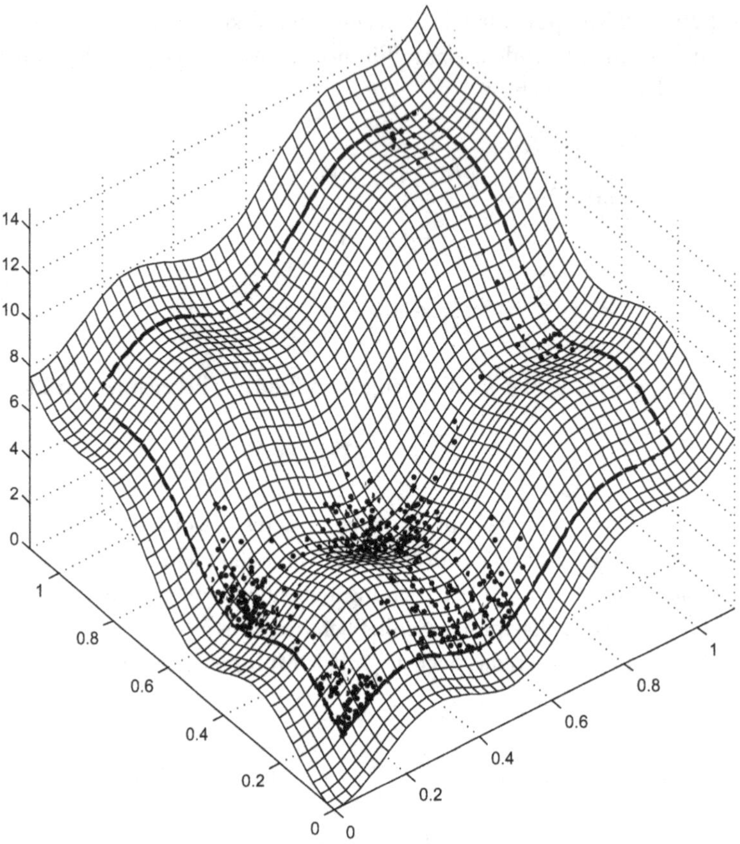

Abb. 5.8 Beispiel 5.5, $\varepsilon = 1$, 500 Punkte

Beispiel 5.5

$$\min_{\boldsymbol{x}} \Big\{ f : \mathbb{R}^2 \to \mathbb{R},\ \boldsymbol{x} \mapsto 6x_1^2 - \cos(12x_1) + 6x_2^2 - \cos(12x_2) + 2\,;$$
$$0{,}1 \le x_1 \le 1\,,$$
$$0{,}1 \le x_2 \le 1 \Big\}\,.$$

Dieses Beispiel besitzt eine eindeutige globale Minimalstelle bei $(0{,}1, 0{,}1)$. Mit dem Startpunkt $(0{,}95, 0{,}95)$ und $\varepsilon = 1$ erhält man Ergebnisse dokumentiert in den Abb. 5.8, 5.9 und 5.10. ◁

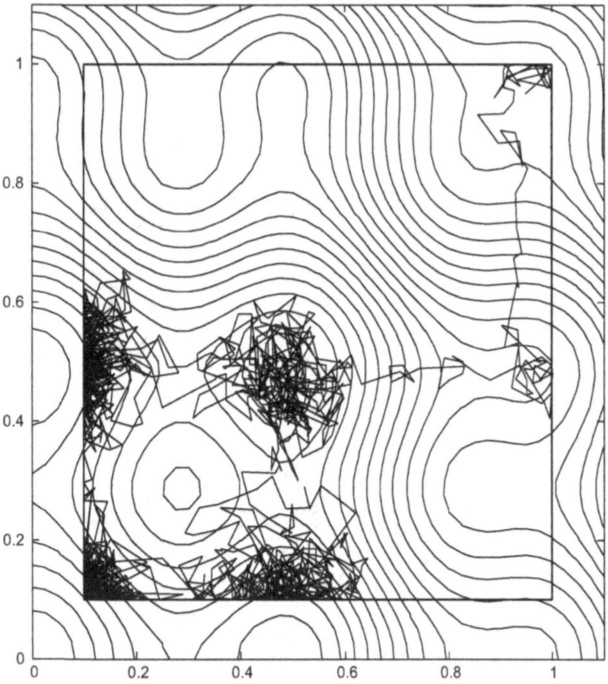

Abb. 5.9 Beispiel 5.5, $\varepsilon = 1$, 500 Punkte, Höhenlinien und Pfad

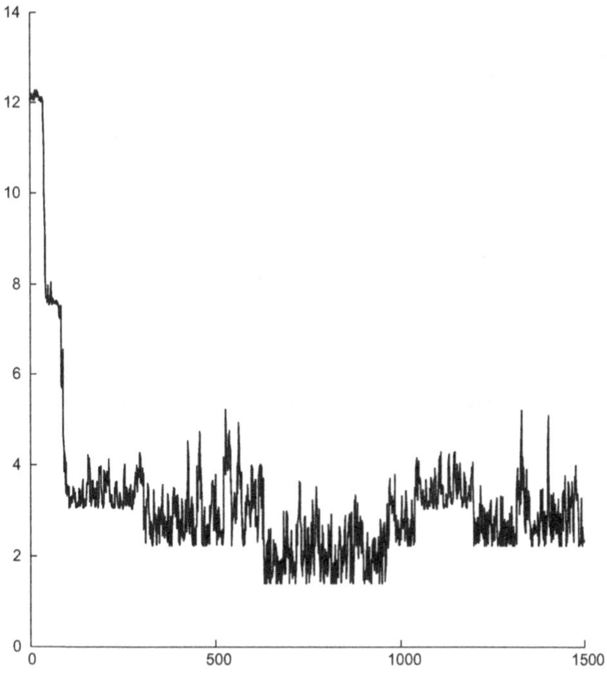

Abb. 5.10 Beispiel 5.5, $\varepsilon = 1$, 500 Punkte, Funktionswerte

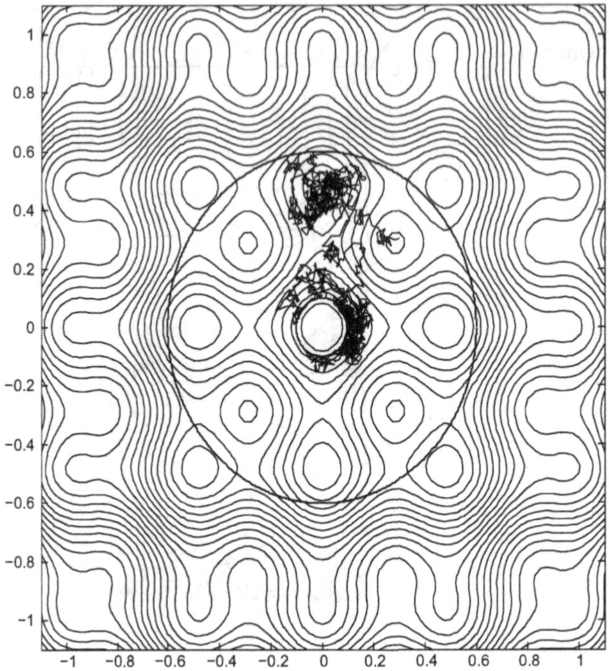

Abb. 5.11 Beispiel 5.6, $\varepsilon = 1$, 500 Punkte, Höhenlinien und Pfad

Beispiel 5.6

$$\min_{\boldsymbol{x}} \Big\{ f : \mathbb{R}^2 \to \mathbb{R},\ \boldsymbol{x} \mapsto 6x_1^2 - \cos(12x_1) + 6x_2^2 - \cos(12x_2) + 2\,;$$
$$0{,}1 \le \|\boldsymbol{x}\|_2 \le 0{,}6 \Big\}\,.$$

Dieses Beispiel besitzt genau vier globale Minimalstellen bei

$$(-0{,}1, 0),\ (0, 0{,}1),\ (0{,}1, 0),\ (0, -0{,}1)\,.$$

Mit dem Startpunkt $(0{,}3, 0{,}3)$ und $\varepsilon = 1$ erhält man Ergebnisse dokumentiert in den Abb. 5.11 und 5.12. ◁

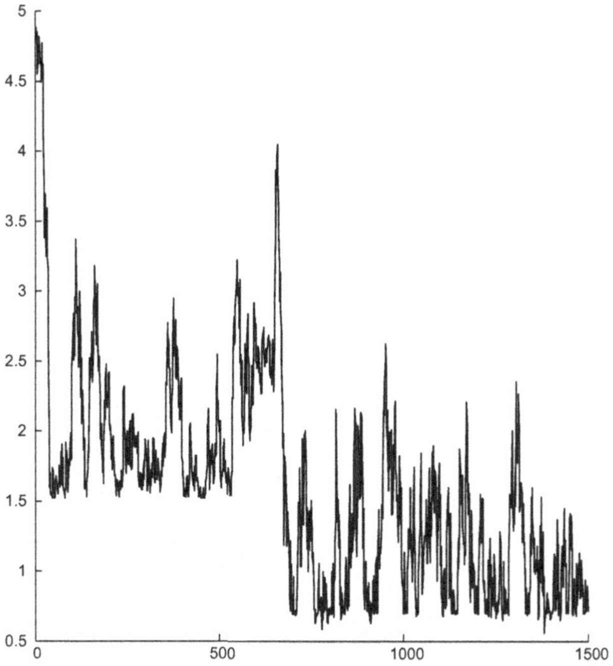

Abb. 5.12 Beispiel 5.6, $\varepsilon = 1$, 500 Punkte, Funktionswerte

Literatur

[Al-Pe.etal85] Allufi-Pentini, F., Parisi, V., Zirilli, F.: Global Optimization and Stochastic Differential Equations. JOTA **47** (1985), pp. 1–16.

[Bar97] Barnerßoi, L.: Eine stochastische Methode zur globalen Minimierung nichtkonvexer Zielfunktionen unter Verwendung spezieller Gradientenschätzungen. Shaker, Aachen (1997).

[BesRit88] Best, M.J., Ritter, K.: A Quadratic Programming Algorithm. ZOR **32** (1988), pp. 271–297.

[Chi.etal87] Chiang, T., Hwang, C., Sheu, S.: Diffusions for Global Optimization in $\mathbb{R}^n$. SIAM J. Control and Optimization **25** (1987), pp. 737–753.

[Cottle.etal92] Cottle, R.W., Pang, J.S., Stone, R.E.: The Linear Complementarity Problem. Academic Press, San Diego (1992).

[Crank84] Crank, J.: Free and Moving Boundary Problems. Clarendon Press, Oxford (1984).

[Flo00] Floudas, C.A.: Deterministic Global Optimization. Kluwer, Dordrecht (2000).

[Flo.etal99] Floudas, C.A., Pardalos, P.M., Adjiman, C.S., Esposito, W.R., Gümüs, Z.H., Harding, S.T., Klepeis, J.L., Meyer, C.A., Schweiger, C.A.: Handbook of Test Problems in Local and Global Optimization. Kluwer, Dordrecht (1999).

[Fried06] Friedman, A.: Stochastic Differential Equations and Applications. Dover, New York (2006).

[GemHwa86] Geman, S., Hwang, C.: Diffusions for Global Optimization. SIAM J. Control and Optimization **24** (1986), pp. 1031–1043.

[Has.etal05] Hashimoto, K., Kobayashi, K., Nakao, M.: Numerical Verification Methods for Solutions of the Free Boundary Problem. Numer. Funct. Anal. Optim. **26** (2005), pp. 523–542. Springer, Berlin Heidelberg New York (2012).

[HenTót10] Hendrix, E.M.T., Tóth, B.: Introduction to Nonlinear and Global Optimization. Springer, Berlin Heidelberg New York (2010).

[HorTui96] Horst, R., Tui, H.: Global Optimization: Deterministic Approaches. Springer, Berlin Heidelberg New York (1996).

[KarShr98] Karatzas, I., Shreve, S.E.: Brownian Motion and Stochastic Calculus. Springer, Berlin Heidelberg New York (1998).

[Kha12] Khasminskii, R.: Stochastic Stability of Differential Equations. Springer, Berlin Heidelberg New York (2012).

S. Schäffler, *Globale Optimierung*, Mathematik im Fokus, DOI 10.1007/978-3-642-41767-2,

[Knu97] Knuth, D.E.: The Art of Computer Programming. Vol. 2: Seminumerical Algorithms. Addison-Wesley Reading, Massachusetts (1997).

[Kob94] Koblitz, N.: A Course in Number Theory and Cyrptography. Springer, Berlin Heidelberg New York (1994).

[MarBra64] Marsaglia, G., Bray, T.A.: A Convenient Method for Generating Normal Variables. SIAM Review **6** (1964), pp. 260–264.

[McShane73] McShane, E.J.: The Lagrange multiplier rule. Amer. Math. Monthly **8** (1973), pp. 922–925.

[Met.etal53] Metropolis, G., Rosenbluth, A., Rosenbluth, M., Teller, A., Teller, E.: Equation for State Calculations by Fast Computing Machines. J. of Chem. Physics **21** (1953), pp. 1087–1092.

[Owen68] Owen, G.: Game Theory. W. B. Saunders Company, London (1968).

[Pin70] Pincus, M.: A Monte Carlo Method for the Approximate Solution of Certain Types of Constrained Optimization Problems. Oper. Res. **18** (1970), pp. 1225–1228.

[Pre.etal88] Press, W.H., Flannery, B.P., Teukolsky, S.A., Vetterling, W.T.: Numerical Recipes in C: The Art of Scientific Computing. Cambridge University Press, Cambridge (1988).

[Proa95] Proakis, J.G.: Digital Communications. McGraw-Hill, New York (1995).

[Pro95] Protter, P.: Stochastic Integration and Differential Equations. A New Approach. Springer, Berlin Heidelberg New York (1995).

[RitSch94] Ritter, K., Schäffler, S.: A Stochastic Method for Constrained Global Optimization. SIAM J. on Optimization **4** (1994), pp. 894–904.

[Schäfer08] Schäfer, U.: Das lineare Komplementaritätsproblem. Springer, Berlin Heidelberg New York (2008).

[Schä95] Schäffler, S.: Global Optimization Using Stochastic Integration. Roderer, Regensburg (1995).

[Schä97] Schäffler, S.: Decodierung binärer linearer Blockcodes durch globale Optimierung. Roderer, Regensburg (1997).

[Schä12] Schäffler, S.: Global Optimization. A Stochastic Approach. Springer, Berlin Heidelberg New York (2012).

[Stö00] Stöhr, A.: A Constrained Global Optimization Method Using Stochastic Differential Equations on Manifolds. Roderer, Regensburg (2000).

[StrSer00] Strongin, R., Sergeyev, Y.: Global Optimization with Non-convex Constraints. Kluwer, Dordrecht (2000).

[Stu03] Sturm, T.F.: Stochastische Analysen und Algorithmen zur Soft-Decodierung binärer linearer Blockcodes. Dissertation, Universität der Bundeswehr München (2003).

[Tho78] Thorpe, J.A.: Elementary Topics in Differential Geometry. Springer, Berlin Heidelberg New York (1978).

[vanLint98] van Lint, J.H.: Introduction to Coding Theory. Springer, Berlin Heidelberg New York (1998).

[ZhiŽil08] Zhigljavsky, A., Žilinskas, A.: Stochastic Global Optimization. Springer, Berlin Heidelberg New York (2008).

Sachverzeichnis